ENVIRONMENTAL DESIGN 公共空间环境设计

高等院校环境艺术设计专业规划教材

⊙ 张文忠 编著

中国建筑工业出版社

图书在版编目（CIP）数据

公共空间环境设计/张文忠编著.—北京：中国建筑工业出版社，2009（2025.6重印）
（高等院校环境艺术设计专业规划教材）
ISBN 978-7-112-10855-8

Ⅰ.公… Ⅱ.张… Ⅲ.空间设计：环境设计－高等学校－教材 Ⅳ.TU-856

中国版本图书馆CIP数据核字（2009）第043217号

　　本教材可供高等院校的环境艺术、建筑学、城市规划等相关专业的学生和从事城市公共空间环境设计的设计师使用。由天津大学建筑学院教授、资深高级室内建筑师、国家一级注册建筑师张文忠编著。内容包括，编著这本教材的目的和意义，公共空间环境设计的基本理论，并例举了城市广场、庭院场所、步行街区、居住中心等设计实例，供读者赏析、借鉴和参考。同时，针对不同环境设计特色的差异性、沿袭自然和人文环境之间所构成的密切关系，以及各种类型环境组合因素的空间与造型，如园艺建筑、绿化水景、小品景观、照明艺术等展开论述。本教材在编著过程中，为了有利于青年学生和设计师的学习和思考，以创作实践为基础，并以专业理论为核心，在尽力提炼出可兹参考的创作经验，试图上升到城市公共空间环境设计的理论高度进行论析，力求达到应有的深度，使读者掌握必要的基础理论和设计方法。教材整体篇章图文并茂、雅俗共赏，其中特辑版画形式的章节插图，增强了图像的造型与光影的鲜明特征，有利于读者阅读与欣赏。

* * *

责任编辑：陈　桦　张　晶
责任设计：赵明霞
责任校对：刘　钰　王雪竹

高等院校环境艺术设计专业规划教材
公共空间环境设计
张文忠　编著
*
中国建筑工业出版社出版、发行（北京西郊百万庄）
各地新华书店、建筑书店经销
北京嘉泰利德公司制版
建工社（河北）印刷有限公司印刷
*
开本：787×1092毫米　1/16　印张：20$\frac{1}{2}$　插页：16　字数：560千字
2009年10月第一版　2025年6月第六次印刷
定价：49.00元（含光盘）
ISBN 978-7-112-10855-8
　　（18099）

版权所有　翻印必究
如有印装质量问题，可寄本社退换
（邮政编码100037）

卷首语

近年来在全国高等院校中，环境艺术系如雨后春笋般地迅速增长，暂且不对"环境艺术系"的称谓和含义加以评述，只是关心它来势之猛和稚嫩如芽的状况，其无论在学科的定性上，还是在内容设置上，以及在教师的要求上，尚存在不少需待研究的问题。在这样的背景下，大批学生已进入学校攻读，但教材或教学参考书却处于相当贫乏的境地，且众说纷纭、其说不一。其好处是有利于百家争鸣，而副作用则是不利于教与学的发展，因此急需经验丰富的专家、学者编写这方面的教材或参考书，以填补和丰富这方面的空白。另外，考虑到全国环境设计与装修事业的迅猛发展，大批中青年设计师投入到如此庞大的设计市场中，从所完成的任务总量上看，应该说他们已作出了应有的贡献。与此同时也应看到他们当中尚有为数不少的工作人员，设计理念、科技知识和艺术素养有所欠缺，其作品缺乏较好的立体概念、空间组合和艺术技巧，与当今发展形势不相适应。当然，除上述的基本学科素养外，建筑历史、建筑技术、建筑材料、建筑结构、建筑规范等必要的知识也显不足，其中尤为缺乏的是有关环境设计方面的系统理念与设计方法。这种情况设若再继续，除影响环境设计的质量外，还会影响环境设计学科的健康发展，甚至会影响现代人的生存环境水准。需要表明的是，这本教材乃是为新兴环境艺术专业而编著的，为此我对环境艺术专业的昨天、今天与明天异常关注，经过多年的深思与探索，想把自己的心得体会写入教材，提供给学生和青年设计师们学习和参考，并希望与同行们共同研讨，携手努力使这个新的学科向更高的层次迈进和发展。

在编写本书的过程中，首先考虑读者的迫切需要，至于赞成或反对书中的观点无关紧要，重要的是当读者看后如果能引起争议的话，也就达到我写这部教材的初衷。深望以书为载体传递信息，借以寻求或找到知音。编撰文稿时，试图采用夹叙夹议的编写方式，类似和知心朋友促膝畅谈的语气，或许能够引起读者朋友们的共鸣、研讨或争论。另外，尝试以图解文、以文论图，两者相辅相成，增强其趣味性和鉴赏性，继而达到可读性的意愿。

多年以来，我国出版了不少关于环境设计方面的书籍，但是有的书存在着不良的倾向。比如以图片为主要内容的书，常因图片的选择不够典型，缺乏一定的文字分析而令人感到困惑不解，其只是表面性的充数和追求所谓的"丰富"，所选的图片甚至没有注解及出处，致使读者无法深究和难以借鉴；还有的书不着边际地长篇大论，除令人费解外，还因缺乏图像配合而难以捉摸，极易造成青年学生或设计师的悬念横生、望而生畏的困窘状态。笔者深知"环境艺术设计"的课题所包含的内容、范围和层面异常广泛，况且它还处于研究探索的阶段，不可奢望出几本书或写几篇论文就能阐述清楚。因为它是一个实践性及实用性很强的学科，如果没有实践经验作为支撑的话，其设计理论会因苍白无力而无法指导实践，有可能陷入空洞理论的旋涡，其实用性也就成为空中楼阁。另外，也要关注盲目实践忽视理论的不良倾向。书中所选择的国内外图像大部分为作者本人拍摄，依照环境设计创作的需求加以取舍，至于所取材的环境设计作品对象是否为名家，不是考虑的主要依据。如有的作品虽然是名家所为，但作品的造型动势、比例尺度与所处的环境特点格格不入，只能割爱不取。反之，有些室外景观作品虽然不是名家所为，但它的比例、尺度、色彩、质感、体形、动态都能与所处的环境氛围相协调，对构成总体环境起着积极的作用，就决然选编入书。

　　钟纫珠、陈国书、李冰、张凌、李薇、石家骝、张琳、李晓梅等朋友们坦诚的支持和关爱令我受益匪浅，在此由衷地表示谢意！

编著　张文忠

目 录

第1章 公共空间环境设计基本概论　1
1.1　概念论说　2
1.2　观点论析　3
1.3　概括综述　9
1.4　方法步骤　15

第2章 公共空间城市广场环境设计　19
2.1　交通性广场的环境设计　21
2.2　文化性广场的环境设计　24
2.3　纪念性广场的环境设计　30
2.4　商业性广场的环境设计　35
2.5　行政性广场的环境设计　38

第3章 庭院场所的公共空间环境设计　43
3.1　概述庭院空间环境的发展　44
3.2　建筑围合庭院空间的组合形式　48
3.3　建筑与庭院互补的组合形式　55
3.4　自由组合的庭院空间环境　60

第4章 步行街区的公共空间环境设计　71
4.1　现代商业性步行街　79
4.2　地域文化性步行街　85
4.3　纪念性步行街　90

第5章 居住中心的公共空间环境设计　113
5.1　概述　114
5.2　居住中心的含义　117
5.3　居住中心环境设计的一般类型　120

第6章 公共空间环境设计的其他问题　141
6.1　环境景观设计概述　142
6.2　公共空间环境景观的光文化设计　165
6.3　建筑构成的环境景观设计　177

第7章 公共空间环境设计实例选编　185
7.1　城市广场　186
　图7-1-1　英格兰环行石阵示例　186
　图7-1-2　英格兰环行石阵细部　187
　图7-1-3　西班牙猎人奔舞岩画　188
　图7-1-4　法国牛群岩画　188
　图7-1-5　意大利威尼斯广场纪念宫景观　189
　图7-1-6　广州科学城中心区环境规划设计　190
　图7-1-7　日本筑波中心广场环境景观　191
　图7-1-8　威尼斯圣马可广场环境景观　192
　图7-1-9　天津博物馆环境景观　194
　图7-1-10　东京都新市政厅人民广场环境景观　197
　图7-1-11　波兰克拉科夫新协和广场环境景观　198
　图7-1-12　美国明尼阿波利斯市联邦法院广场环境景观　199
　图7-1-13　荷兰鹿特丹舒堡广场环境景观　202
　图7-1-14　法国里昂德侯广场环境景观　205

图 7-1-15	美国明尼阿波利斯音乐厅广场标志景观	208
图 7-1-16	美国洛杉矶 FIG 购物广场环境景观	208
图 7-1-17	美国洛杉矶办公区克拉克广场环境景观	209
图 7-1-18	美国洛杉矶珀欣广场环境景观	210
图 7-1-19	美国达拉斯喷泉广场环境景观	211
图 7-1-20	北京首都枢纽机场环境景观	212

7.2 庭院场所　　214

图 7-2-1	北京四合院空间环境图	214
图 7-2-2	庭院与园林相结合的大型四合院	215
图 7-2-3	北京故宫庭院空间环境	216
图 7-2-4	美国驻印度大使馆庭院空间环境	217
图 7-2-5	泰姬玛哈尔庭院空间环境	218
图 7-2-6	苏州拙政园庭园环境景观	219
图 7-2-7	无锡寄畅园庭园环境景观	220
图 7-2-8	北京颐和园中谐趣园环境景观	222
图 7-2-9	巴塞罗那博览会德国馆庭园景观	223
图 7-2-10	西雅图世界博览会联邦科学馆庭院景观	224
图 7-2-11	四川大学校园环境景观	225
图 7-2-12	西班牙庭园环境景观	226
图 7-2-13	古镇同里庭园环境景观	227
图 7-2-14	古镇同里退思园环境景观	229
图 7-2-15	纽约街区培蕾休闲庭园	231
图 7-2-16	美国繁华城市休闲室内庭园	231

7.3 步行街区　　232

图 7-3-1	福建武夷山仿宋步行街环境景观	232
图 7-3-2	山西平遥古城步行街环境景观	233
图 7-3-3	丽江古城步行街环境景观	235
图 7-3-4	凤凰古城步行街环境景观	236
图 7-3-5	上海南京路步行街环境景观	238
图 7-3-6	天津市中心步行街环境景观	241
图 7-3-7	天津古文化街步行区环境景观	244
图 7-3-8	南京中山陵环境景观	248
图 7-3-9	明尼阿波利斯音乐厅步行区水景园	249
图 7-3-10	美国，华盛顿中心区环境景观	250
图 7-3-11	美国，华盛顿白宫庭园景观	251
图 7-3-12	美国，华盛顿纪念碑环境景观	252
图 7-3-13	美国，华盛顿林肯纪念堂环境景观	253
图 7-3-14	美国，华盛顿国家美术馆步行街区环境景观	254
图 7-3-15	悉尼情人港步行街环境景观	256
图 7-3-16	悉尼海德公园步行空间环境景观	257
图 7-3-17	悉尼圣玛丽亚教堂环境景观	258
图 7-3-18	布里斯本黄金海岸环境景观	259
图 7-3-19	布里斯本音符公园景观雕塑	260
图 7-3-20	布里斯本音符公园标识设计	260
图 7-3-21	布里斯本华纳电影城步行区环境景观	260
图 7-3-22	布里斯本市政厅步行街区环境景观	261
图 7-3-23	新西兰奥克兰园艺步行空间环境	262
图 7-3-24	罗托鲁瓦步行街区环境景观	263
图 7-3-25	美国，明尼阿波利斯市步行街区环境景观	264
图 7-3-26	东京步行街蜘蛛造型景观	264
图 7-3-27	日本东京皇宫步行街环境景观	265
图 7-3-28	天津南开区步行街环境景观雕塑	265

图 7-3-29	天津开发区步行街环境景观及主体雕塑	265
图 7-3-30	北京西单步行街区环境景观及主体雕塑	266
图 7-3-31	上海静安市步行街区环境景观雕塑	266
图 7-3-32	上海大剧院步行街区环境景观及主体雕塑	266

7.4 居住中心 267

图 7-4-1	长江山城	267
图 7-4-2	水乡幽深	267
图 7-4-3	巴黎塞纳河亚历山大三世桥	267
图 7-4-4	雪山静美 - 瑞士	268
图 7-4-5	阳朔月牙山民居景观	268
图 7-4-6	居住环境标志景观	268
图 7-4-7	华苑新城居住中心环境景观	269
图 7-4-8	阳光100居住中心环境景观	271
图 7-4-9	天娇园居住中心环境景观	273
图 7-4-10	昆明翠湖小区居住中心环境景观	273
图 7-4-11	万科居住中心环境景观	275
图 7-4-12	具有地域风韵的居住中心环境景观	277
图 7-4-13	世纪城居住中心环境景观	278
图 7-4-14	上海加州花园别墅小区环境景观	279
图 7-4-15	水乡周庄环境景观	281

7.5 其他选例 283

图 7-5-1	杭州街区小品景观	283
图 7-5-2	底特律沿街环境景观	283
图 7-5-3	长城雄姿	284
图 7-5-4	自由神望纽约	284
图 7-5-5	天津开发区某居住区环境景观	285
图 7-5-6	埃及狮身人面像	285
图 7-5-7	巴黎埃菲尔铁塔景观	285
图 7-5-8	鼓浪屿郑成功立雕环境景观	286
图 7-5-9	西安丝绸之路群雕环境景观	287
图 7-5-10	陕西黄陵环境景观	287
图 7-5-11	四川广汉祭祀坑环境景观	289
图 7-5-12	唐乾陵石狮与明孝陵石象景观	290
图 7-5-13	雅典卫城帕提农神庙景观	291
图 7-5-14	雅典卫城伊瑞克提翁庙景观	292
图 7-5-15	意大利罗马天使古堡环境景观	293
图 7-5-16	上海美术馆环境雕塑景观	293
图 7-5-17	大连英雄公园一滴血纪念碑环境景观	293
图 7-5-18	大连烈士纪念碑群环境景观	294
图 7-5-19	湘江岸边小品艺术景观	295
图 7-5-20	叶之们造型环境景观	295
图 7-5-21	法国水柱造型环境景观	295
图 7-5-22	芬兰冰城环境景观	295
图 7-5-23	美国"银河"环境景观	296
图 7-5-24	美国"上方"环境景观	296
图 7-5-25	波士顿肯尼迪纪念图书馆环境景观	296
图 7-5-26	澳大利亚,堪培拉议会中心环境景观	297
图 7-5-27	瑞典可持续发展的城市与建筑	302
图 7-5-28	天津文庙环境景观	303
图 7-5-29	美国"球中之球"环境景观	304
图 7-5-30	巴黎圣母院灯光照明艺术景观	305
图 7-5-31	彩色玻璃光照效果景观	307
图 7-5-32	现代风韵多彩玻璃装饰效果	307
图 7-5-33	新加坡商业街灯光艺术景观	308

图 7-5-34	堪培拉国会大厦灯光艺术景观	309
图 7-5-35	堪培拉国家美术馆灯光照明艺术景观	309
图 7-5-36	威尼斯灯光照明艺术景观	310
图 7-5-37	上海隧道口标志灯光艺术景观	311
图 7-5-38	美国丹佛市太阳泉新思维环境景观	311
图 7-5-39	巴黎蓬皮杜中心激光花环照明艺术景观	312
图 7-5-40	埃菲尔铁塔多变的灯光夜色景观	312
图 7-5-41	画家查姆平绘画作品凯旋门	313
图 7-5-42	巴黎歌剧院灯光夜色景观	313
图 7-5-43	巴黎协和广场喷水池灯光夜景	314
图 7-5-44	巴黎拿破仑纪念柱灯光夜景	314
图 7-5-45	巴黎卢浮宫灯光夜景	315
图 7-5-46	悉尼歌剧院与大桥环境景观	315
图 7-5-47	罗马斗兽场环境景观	317
图 7-5-48	罗托鲁瓦热气谷环境景观	318
图 7-5-49	瑞士琉森市传统木桥环境景观	319
图 7-5-50	纽约建筑构成的环境景观	319
图 7-5-51	圣路易斯杰弗逊纪念拱门环境景观	320
图 7-5-52	引滦入津纪念碑环境景观	321
图 7-5-53	上海五卅纪念性艺术景观	322
图 7-5-54	井陉万人坑纪念馆环境景观	323

7.6 综合选例（彩版） 325

图 7-6-1	杭州新铁路旅客站广场	325
图 7-6-2	梵蒂冈圣彼得教堂广场	327
图 7-6-3	意大利，夸拉塔文化中心广场	329
图 7-6-4	维也纳迈克尔广场	330
图 7-6-5	北京天坛庭院景观	331
图 7-6-6	美国，威恩大学纪念会议中心庭院	332
图 7-6-7	北京香山饭店庭园	333
图 7-6-8	巴黎卢浮尔宫金字塔庭院	334
图 7-6-9	北京菊儿胡同庭院	335
图 7-6-10	西班牙，巴塞罗那步行街	336
图 7-6-11	上海新天地步行街	337
图 7-6-12	澳大利亚，堪培拉联邦议会大厦环境景观	338
图 7-6-13	天津时代奥城居住中心	340
图 7-6-14	美国，芝加哥绿色喷泉	342
图 7-6-15	日本，东京蜘蛛造型环境景观	342
图 7-6-16	北京西单区风筝造型环境景观	343
图 7-6-17	日本，富士山环境景观	343
图 7-6-18	底特律科技中心环境景观	344
图 7-6-19	美国，哥伦比亚大学校园景观	344
图 7-6-20	明尼阿波利斯音乐厅广场标志景观	344
图 7-6-21	日本，北海道盐郡高科技景观	345
图 7-6-22	丙烯酸树脂铸造的环境景观	346
图 7-6-23	苏州工业区钢雕环境景观	347

后记 348

参考文献 349

第1章
公共空间环境设计基本概论

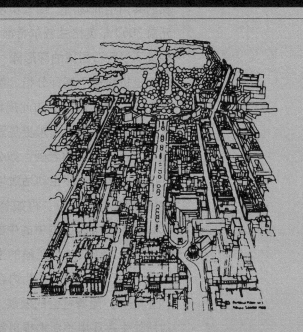

第1章 公共空间环境设计基本概论

1.1 概念论说

在研究这个课题之前,首先要弄清城市公共空间所包含的组合要素有哪些,一般地说主要组成部分有广场(图1-1)、街区(图1-2)、水域(图1-3)、河畔(图1-4)、弄堂(图1-5)、庭院(图1-6)等,即人们行为活动所涉及的共用空间场所。由人类所需造就的聚集性的公共场所由来已久,早在公元前3050年英格兰威尔特郡(Wiltshire)的索尔兹伯里(Salibury)平原上就构筑了以巨石围成的环形阵(图1-7),对于它的用途是祭祀还是聚会、是拜神抑是祈祷暂不展开分析。然而值得注意的是,在人类处于生产能力极低的条件下,竟创造出了如此规模巨大的空间环境氛围,乃是一大奇迹。此外,人类对美好环境的追求更是亘古至今。人类早在荒山野岭中的栖居时代,就遗留下不少粗犷的岩画,如公元前5750年在西班牙加泰罗尼亚(Catalunya)地区的山洞岩画即生动活泼地表现了猎人奔腾的动态,刻画与再现了古人的生活情趣(图1-8)。再如公元前15000年~公元前10000年,在法国道当(Dordogne)地区山洞中的牛群岩画,显示出古代人狩猎生活的画卷,充分反映出当古人还在十分简陋的生存空间中的时候,就已经在追求和从事美化环境的活动了,以岩画作为内容和形式,将古朴和谐的精神融于自然环境之中(图1-9)。随着社会的发展、科学的进步、生活的提高、艺术的升腾,人们对所处生存环境不断地提出新的要求,促使现代城市公共空间环境设计的问题越加复杂化,如公共活动空间、商贸空间、交谊空间、文娱空间等(图1-10)。

随着当代社会的不断发展,人们生活的空间愈发的丰富多彩和繁杂多变,且"城市公共空间环境设计"属于新兴学科,它涉及的学科领域既是多方面的,又介于历史与文化、科学与技术、规划与设计等方面相交叉的学术领域,致使难以用简单的话语阐述清楚。近来有些说法比较贴切些,即把此项学科称之为"城市公共空间环境设计",因为它涉及城市设计、环境设计、景观设计、建筑设计等学科,并与科学技术、特定艺术、地域文化、风俗习惯、宗教信仰等范畴相联系,此外还涉及人的行为心理学等综合性的内容。在城市设计中,"城市公共空间"一词不仅是一个学术论点,更表明了空间与人类生存水乳交融的密切关系，如"节约能源与可持续发展"、"使用环保材料与提高人的生活质量"、"一切以人为中心，考虑现代生活的美"等重大问题，与单纯从技术角度考虑环境设计问题存在着极大的差别。但考虑到不同发展阶段的历史进程，新学科的称谓及其内涵也不尽相同，只好将学术界曾经习惯的用语穿插于论述之中，以利于交流和研讨。

1.2 观点论析

1.2.1 环境设计的内涵与实质

下面选择一些典型性的观点进行分析，探索这个问题内涵的实质，既有利于梳理城市公共空间环境设计的创作理念和思路，也利于沿着正确的轨道向前发展。

人的生存环境有大小之分，大的环境如地区、省市、国家、世界、宇宙空间等。小的空间环境如广场区、步行区、庭院区、公园区、商业区、居住区等。再者"环境艺术"或"环境设计"两者虽然有所区别，但是都以人的生活舒适方便和优美动人为核心。人的生活环境，概括地说主要有物质的和精神的两个方面。即任何空间与体型的构成都存在于特定环境之中，反之任何环境都存在于空间与体型之中，故提高人造环境的适用性和艺术性，必然成为提高现代生活质量的重要因素。梁思成先生曾说过："……由于日常生活环境的接触，每一个人无论他是否意识到，都通过他的感觉器官，对于环境的美丑逐渐形成了一定体系的反应，从而形成了一套共同接受的美的法则。这些反应一方面脱离了他对于自然现象的认识，一方面脱离不了他所受到的社会思想意识的影响。"[1] 正是从这一意义出发，环境意识应和现代意识并列共存，方能创造奇迹。"环境设计"和"环境艺术"两者的概念和内涵不

图1-1 广场示例，美国，新奥尔良市意大利广场（查尔斯·摩尔设计）

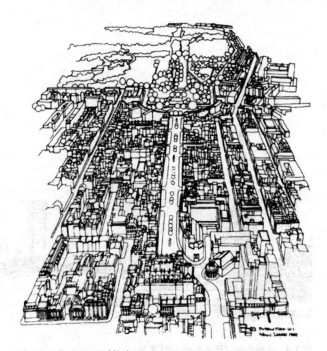

图1-2 街区示例（摘自 *Making People Friendly Towns-Improving the public environment in towns and cities*）

---

1 梁思成. 梁思成文集（四）. 北京：中国建筑工业出版社，1986.

图 1-3　水域示例　美国，波士顿城市水景观（张文忠于 1983 年作）

图 1-4　河畔示例（张文忠于 1983 年作）

图 1-5　弄堂实例，胡同深深（张文忠作）

图 1-6　庭院实例（张文忠作）

图 1-7　英格兰，索尔兹伯里平原环形石阵（张文忠编绘）（参照 *Art-Through the Ages*）

图1-8 西班牙,加泰罗尼亚(Huyuk)山洞岩画,猎人奔舞(张文忠编绘)（参照 *Art-Through the Ages*）

图1-9 法国,道当牛群岩画（张文忠编绘）（参照 *Art-Through the Ages*）

尽相同,环境设计不仅是对环境空间与体型的布局思考和反复推敲,而且还需要对行为环境进行运营与协调。美国环境设计丛书编辑理查德·道白尔(Richard·P·Dober)曾说过:"环境设计是比建筑范围更大,比规划的意义更综合,比工程技术更敏感的艺术。这是一种实用的艺术,胜过一切传统的考虑,这种艺术实践与人的机能紧密结合,使人们周围的事物有了视觉秩序而且加强和表现了所拥有的领域。"当今,有不少设计师远离对环境的正确理解,认为一样可以创造出"环境艺术"作品,持这种创作思维的人,在不了解环境艺术的深层含义的状况下,简单地以"装饰"二字解释环境艺术,导致设计作品肤浅而乏味。例如苏州园林之所以成为举世罕见之作,绝非是偶然性的艺术创作,其缘于古代文人对环境观的深刻反映,造就了文化品位极高的幽居空间环境,又

图1-10 近代城市示例（摘自 *Making People Friendly Towns-Improving the public environment in towns and cities*）

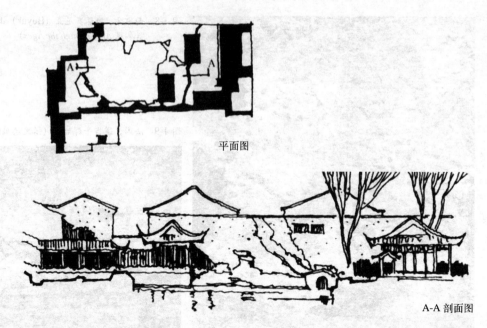

平面图

A-A 剖面图

图 1-11　苏州网师园空间组合示例

因园林与文化环境的有机结合而扬名世界,终于成为环境艺术的不朽精品(图 1-11)。也就是说如果设计师创造出的环境氛围,能引起人们愉悦的心理和赏识,并能起到陶冶情操和激发人们奋进的精神,可以说即达到了环境设计思想性的核心,也是具有根本性的设计观念。

1.2.2　环境设计的特性

"环境"的内涵,应兼容科学技术与环境美学两个基本范畴,环境与艺术相融合,意味着比较自然地构成"环境艺术设计"新学科的丰富而又全面的含义。俗话说:"爱美之心人皆有之",对美的需求是人的天性。但是,美不等于艺术,需要专业人才不断刻苦地探索与创作,才有可能使美升华为艺术,可以说艺术是人类进入文明时代的特征。在规划与建筑领域中,所谓的环境系指有形的人工环境,而优美宜人的人工环境和自然环境相协调,常可构成相互依存的环境整体。另外,环境设计与人的生存空间密不可分,所涉及的空间范畴也是异常宽广的,它是许多学科的交汇点,其中包括城市规划学、环境景观学、建筑学、室内设计学、环境与建筑行为心理学、人体工程学、环境社会学、现代科学技术与环境空间美学等。但是必须澄清的是,绘画、雕塑、戏剧、电影、文学、音乐等艺术形式能够再现生活,而环境艺术与建筑艺术是具有空间与体型的实用艺术,应是大众化的而又不具备再现生活的能力,同时也是与人的生活息息相关的艺术。当然,环境艺术与其他艺术之间，也有其共性。正因为如此，梁思成先生早已在"人民日报"发表过题为"建筑和建筑艺术"的文章，其中对建筑艺术的特性曾有过精辟的论述："……建筑的艺术和其他的艺术既有相同之处，也有区别，现在先谈谈建筑的艺术和其他艺术相同之处。首先，建筑的艺术一面，作为一种上层建筑，和其他艺术一样，并且是为它的经济基础服务的。不同民族的生活习惯和文化传统又赋予建筑以民族性。它是社会生活的反映，它的形象往往会引起人们情感上的反应……从艺术的手法技巧上看，建筑也和其他艺术有相同之点。它们都可以通过它的立体和平面的构图，运用线、面和体，各部分的比例、平衡、对称、对比、韵律、节奏、色彩，表质等等而取得它的艺术效果。这些都是建筑和其他艺术相同的地方。但是，建筑又不同于其他艺术。其他的艺术完全是艺术家思想意识的表现，而建筑的艺术却必须从属于适用经济方面的要求，受到建筑材料和结构的制约……"其他如："绘画、雕塑、戏剧、舞蹈等艺术都是现实生活或自然现象的反映或再现。建筑也反映生活，却不能再现生活……建筑虽然也引起人们的感情反应，但它只能表达一定的气氛，或是庄严雄伟，或是明朗轻快，或是神秘恐怖等等。这也是建筑和其他艺术不同之点。"作为构成环境要素的建筑或建筑组团所具有的艺术性，同样具有其他艺术的共性和个性，它依然可以运用其空间与体型的艺术特性反映生活，而不能再现生活。明确了这个观念，对排除是是非非的环境设计杂念有着极大的帮助。

1.2.3 环境设计的基础

环境设计是为人类创造美的环境，是以人类追求美的生存空间为目标，从外在表象上看，它是独立于自然环境美之外的；但是从实质属性上看，却与自然环境相互依存和水乳交融。因而"环境艺术"应从属于"环境设计"的条件和要求。可以说任何一处美的环境创造，通常与所处的自然环境共生，借以构成属于某处特定场所的艺术环境，或者可以说是体现特定地域文化艺术个性特色的环境。设若设计工作者能从更高境界的层面上看问题的话，环境艺术设计应是满足人类对美好生存场所需求的手段，因而它是创造人类生存空间美的重要基因。环境艺术的创造，除了需要依据地域特有的自然、文脉、文化、民俗等方面的因素之外，还需具有科学预见性的超前意识，方能把握住环境艺术设计的灵魂。在人类生活中环境艺术的设计构思使不美的环境变美，美的环境变得更美。因而它是城市环境美、建筑形象美、室内空间美等构成的协调统一的和谐美，这才是至高无上的设计理念。另外，必须强调的是，环境美只因人的需要而存在，而不完全是设计者的主观想象。

1.2.4 环境设计的组合要素

在环境设计的过程中，运用建筑或建筑群所构成的空间与体型的关系，既是"空"与"实"相互依存与相互排斥的辩证关系，也是现代城市设计中的空与实相互补的关系（图1-12），更是两者之间相互依存、一脉相承的关系。同样，环境设计的组合要素如建筑群体、道路网络、广场场所、步行街区、公园分布、居住中心等，从构成的空间与实体上分析，依然是在变化中求统一，在统一中求变化的辩证关系。如果在设计过程中运用好这个水乳交融的关系，将会使环境设计技巧提高到更高的境界。关于空与实之间的辩证关系，早在两千多年前，我国伟大的思想家老子在《道德经》中阐述过："埏埴以为器，当其无，有器之用。凿户牖以为室，当其无，有室之用。故有之以为利，无之以为用。"这段话深刻地、明确地表明了围合空间的实体只是建造空间的手段，而围成的空间才能供人使用，这一精辟的论说和现代城市、环境、建筑、室内等空间组合的设计理念是异常的一致的。因此，它既是构成人工环境的架构，又是环境设计的灵魂。以此为设计创作的基础，依然需要娴熟地运用形式美的艺术技巧，如对比与协调、比例与尺度、均衡与稳定、主从与韵律、联系与分隔、比拟与联想、统一与变化、重点与弱点等。另外，还需对视觉艺术的规律性加以关注，如透视变形、视线错觉等需要矫正的技巧，比拟与联想的视觉效果则要求对细节加工调整到理想的境界等。

1.2.5 环境设计的创作

从城市公共空间环境设计的发展现状来看，存在着两个迥然不同的概念。一种是把环境设计视为装饰性的"花瓶"，即以唯美主义的观点进行创作，意在不受任何条件的约束，把使用功能和经济标准丢在一旁，单凭所谓的个人感觉，随心所欲地追求幻觉性的"艺术造型"。这种说法把环境设计的艺术特性混淆为其他的纯艺术形式，严重地丢失了环境设计应有的个性美。另一种则认为应将公共空间环境设计与自然环境、城市设计、街区构成、建筑组群、地域文化等诸方面有机联系，并强调它是一门综合性较强的学科领域。因而除去考虑特色的艺术处理外，还应考虑大量的科学技术和环境心理学及环境行为学等方面的因素，力争较好地发挥环境设计的专业技能。强调运用环境艺术设计的特殊性，才有可能使作品显示出不可代替的个性。因而在环境设计过程中需要理顺设计理念、弄清历史文脉、吸收地域文化、容纳规划精髓、精选地区材质、运用构图技巧、加强空间组合等内容，方能有效地驾驭环境设计构思的综合性，也才有可能把握住环境设计的灵魂和满足人们的基本要求。

1.3 概括综述

纵览多年来的环境设计方面的主要观念和论说，其中有不少的观念依然闪烁着光辉，值得交流学习和借鉴研讨，当然还有不少这方面的论说就不赘述了。同时还要看到有关城市公共空间环境设计理论与实践的现状，大多处于边实践边探索的境地，有的地区或城市还处于需要深入提高的阶段，为此更加需要摆正理论研究与创作实践两者的重要性。环境设计与其他设计一样，需要强调"意在笔先"这个程序性的经验之谈，应走出在没有形成构思理念之前就动手设计的误区，否则会出现茫然的状况，即使勉强对付出来的设计方案也会是一堆废纸，难以成为具有章法的作品。这种粗制滥造的做法会造成思路肤浅、布置无章、造型不美的后果。那么"意"从哪里来呢？只有弄清环境艺术设计的内在含义方能引导出清晰的设计构思理念，或许能创作出优秀的设计作品。另外，理论来源于实践已是公认的准则，对脱离实际空谈"理论"的做法，也是应当给予排斥的。

曾在北京召开的国际建协第 20 届大会所通过的《北京宪章》深入地阐述了新时代环境艺术设计发展的趋势，明确提出讲求整体环境艺术设计的重要性，如："现代城市化规模浩大，速度空前，城市的结构与建筑形态有了很大的变化，旧的三维空间秩序受到巨大的冲击与摧残，新的动态秩序仍在探索之中，尚不甚为人们所把握。传统的建筑设计已经不尽合时宜，再也不能仅仅就个体建筑来论美与和谐了；代之而起的是用城市的观念看建筑，要重视建筑群的整体和城市全局的协调，以及建筑与自然的关系，在动态的建设发

图 1-12 空间与体型的关系（引自 *Making People-Friendly Towns*）

锡耶纳——世界上最有魅力的步行者地城之一。在这里新建环境没有理由不拥有同样丰富、有机、独特的品质，而无需求助于盲从地复制如画的城镇景观。

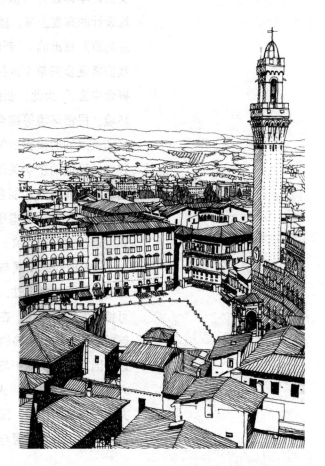

展中追求相对的整体的协调美和'秩序的真谛'。"另外,从国际上吸收关于环境设计方面的实践经验和精辟理论是极为有利于发展的。例如20世纪80年代美国《建筑实录》(Architectural Record)杂志组曾组织编辑过主题为"美国建筑的回顾与展望"笔谈会,"大多数参与笔谈会的建筑师认为,显然80年代的重要发展绝非这个主义或那个运动,而普遍认定的是环境设计……"这说明早在上个世纪,新闻媒体就已经开始关注环境设计并认识到了它的重要性。

应当清晰地意识到,新时代条件下的环境设计、景观设计、建筑设计、室内设计等应具有整体的全局观念、多方层次观念、绿色节能观念、生态平衡观念以及可持续发展观念等,运用崭新的城市公共空间环境论代替狭隘的建筑空间组合论,方能适应和满足当今崭新的人居环境的需求。多年来,从实践中已初步地认识到了建筑师、室内建筑师及规划师驾驭全局的综合能力的重要性,虽然在半个世纪前建筑前辈已经指出过:"建筑师作为协调者,其工作是统筹各种与建筑相关的形式、技术、社会和经济问题……"但是由于受到以单体设计为核心的思维模式的制约,远不能将设计思想提高到整体环境设计的高度上来。随着时代的发展,建筑学的观念也随之而发展,正如《北京宪章》指出的:"新的建筑学将驾驭远比当今单体建筑物更加综合的范围;我们将逐步把单个的技术进步结合到更为宽广、更为深远的有机的整体设计概念中去。"为此,新的建筑学将涉及地域环境、城市环境、景观环境、文化环境、民俗环境等综合的氛围之中,使之相互依存和相互制约。新观念的产生和发展的时候正面临人类所栖居的地球环境日益恶化,因而引起人们对生存空间环境的密切关注和环境意识的不断增长,改善人居环境的呼声亦日趋高涨,继而提出功能合理、美化环境的要求。以此背景为基础,研究环境设计的问题,需要考虑所涉及的城市空间中各个方面的问题,才能深刻地理解环境设计的深邃含义,也是优秀的环境设计精品来源的基础。

随着时代的发展与变迁,地球大气层被损伤,人为的给人类的生存造成了威胁。情况的严重性,迫使有良知的从业者在环境设计中急迫考虑节约能源与可持续发展的问题。在这方面已经有不少国家作出了突出贡献,如位于欧洲北部斯堪的纳维亚半岛的瑞典,它把可持续发展作为国家的整体战略,长期以来,这个国家在环境保护与可持续发展方面一直处于世界的前沿。尽管国家规模不大,仅为45万km^2,人口约890万,因国策正确,已成为世界上社会、经济、文化发展最为均衡,国民平均生活水平和享受社会福利最高的国家之一,这雄辩地说明了节约能源与可持续发展的重要性(图1—13a、b、c、d、e)。

第1章 公共空间环境设计基本概论

人们需要绿色的享受，更需要绿色的生存环境与建筑。这应当是刻不容缓的重任。

图 1-13a 瑞典，可持续发展的城市与建筑（摘自《世界建筑》2007.7）

图 1-13b 瑞典，俯瞰城市一角（摘自《世界建筑》2007.7，张文忠编绘）

图 1-13c 瑞典，城市住宅区的景观（摘自《世界建筑》2007.7，张文忠编绘）

图 1-13d 瑞典，城市安逸的滨水环境（摘自《世界建筑》2007.7，张文忠编绘）

11

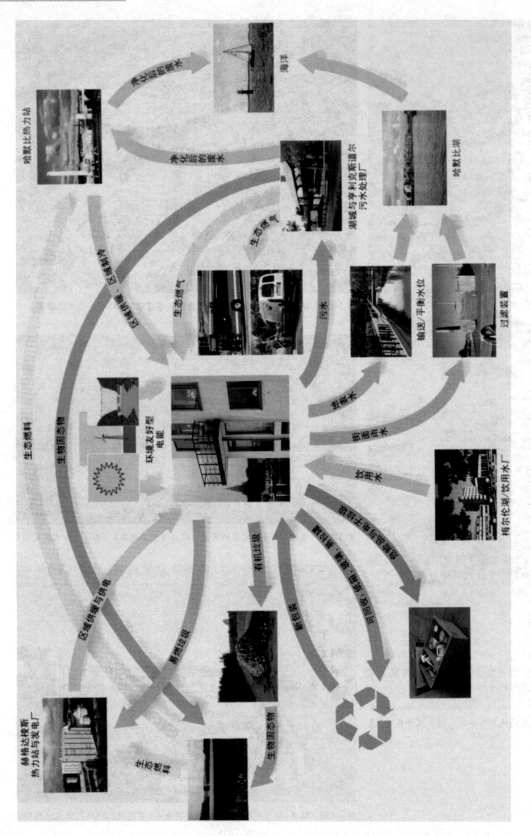

图1-13e 瑞典，哈默比湖城的生态循环处理系统（摘自《世界建筑》2007.7）

总之，值得注意的是，随着时代进程的更新、环境意识的增强、科学技术的进步、建筑艺术的发展，不少国家的建筑师或环境设计师已创造出大量创意新颖的城市公共空间环境设计的作品，引起各国的重视。归根到底，弄清城市的定性与地位是至关重要的，即城市的精髓涵义应是人类精神文明与文化发展水准的集中体现。只有明确了城市的性质，方能弄清城市公共空间环境设计的内涵与水准。其中不少国家的建筑师或设计师的优秀作品，皆显示出在现代城市中，如何保留原有城市的历史文化特色和人们的地域性的风土人情，应是城市公共空间环境设计体现个性特征的重要依据。下面举些实例，供读者参考。如利用地段的高差使现代建筑与传统建筑巧妙结合，使环境空间异常生动有趣（图1-14），又如纽约曼哈顿（图1-15），虽然高层建筑如林，但能把穿插其中的道路，处理得舒适宜人，从而使街区环境减弱了高层建筑之间的矛盾。再如诺曼·福斯特（福斯特建筑师事务所）设计的英国斯坦斯梯德机场（London Stansted Airport），强调"将建造和运转的费用降到最低，并且运转得更加顺畅和安全。与此同时还要满足非常强烈的社会要求，必须有助于将航空旅行从一个烦恼的过程变成一种轻松愉快的体验，即努力重新发掘友好感、方位感和场所感……"。把技术性较强的交通建筑环境特征，升华为极好的人性化设计（图1-16a、b、c）。此外，我国北京新建的枢纽机场及航站楼，是为了未来长远利益而建造的，无论是在总体规划上，还是在环境布局上，抑是在空间造型上，皆达到了相当高的水平（图1-17a、b、c、d）。

除去上述的一些观念性的问题外，尚需注重理论与实践的思想方法。在设计的创作观念上应持深入研究、科学分析、冷静思考、反复推敲、多方比较、精益求精的严谨作风，方能使设计工作程序沿袭正确的路径发展。

图1-14 利用自然条件使现代建筑与传统建筑巧妙结合（摘自 *Making People Friendly Towns Improving the public environment in towns and cities*）

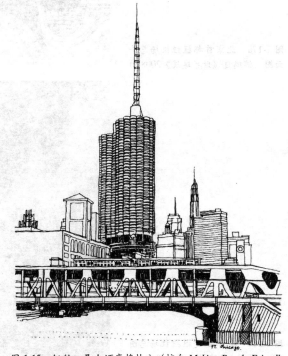

图1-15 纽约，曼哈顿高楼林立（摘自 *Making People Friendly Towns Improving the public environment in towns and cities*）

公共空间环境设计

图 1-16a 英国，斯坦斯梯德机场立面图（摘编自《诺曼·福斯特》）

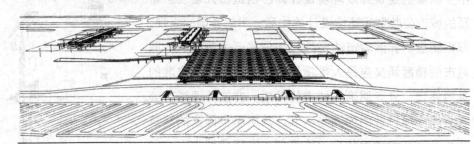

图 1-16b 英国，斯坦斯梯德机场鸟瞰图（摘编自《诺曼·福斯特》）

图 1-16c 英国，斯坦斯梯德机场近景（摘编自《诺曼·福斯特》，张文忠编绘）

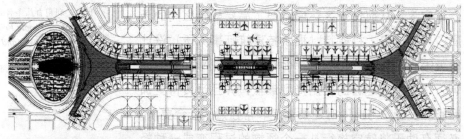

图 1-17a 北京首都枢纽机场总平面图（摘编自《世界建筑》2008.8）

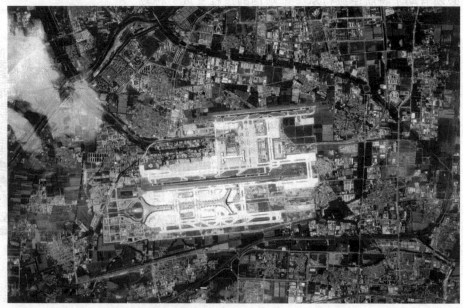

图 1-17b 北京新建枢纽机场总图（卫星照片）（摘编自《世界建筑》2008.8）

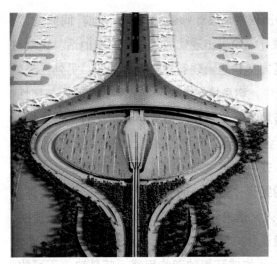

图1-17c 北京首都枢纽机场近景（摘编自《世界建筑》2008.8，张文忠编绘）（左）

图1-17d 北京新建枢纽机场登机桥景观（摘编自《世界建筑》2008.8，张文忠编绘）（右）

1.4 方法步骤

下面简述常用的城市公共空间环境设计的方法与步骤，供初学者学习、借鉴和参考。

1.4.1 初始阶段

当接到设计项目委托书时，首先应认真研究各项要求的细节，如建设单位是否明确、质量标准是否合理、项目投资是否落实、建造地段是否批准、规划要求是否清楚、地域特色是否突出等。在研究清晰后，还需要索取各项法定证件，才能考虑建立具有法律约束性的合同。在上述合同书生效后，才能进入设计的基础工作，即调查基地环境的条件与特征。这项调查之所以重要，在于探寻当地自然环境与人文环境区别于其他地区的特色，如果调查工作到位的话，其作用不可低估，它既是设计构思的基础，也是创新方案的源泉，更是特色方案的萌芽。

1.4.2 方案阶段

在具备完善的环境设计基础资料的条件下，即可进行方案设计的构思。开始时也就是说处于朦胧的思考状态，切忌急于求成，更应防止围绕一个方案思路旋转，把自己的创作思想禁锢在封闭的圈内，堕入既烦恼又僵化的深渊。因此，应把创作思维打开，探寻多思路、多角度、多层面的可能性，这样就有可能捕捉到多种多样的设计方案，尽管还不成熟，但获取到多种方案比较的机会。而这个创作思索的历程常是设计师最"兴奋"、"苦恼"间或是"沉思"的阶段，经过反复思考与探寻，如果出现优秀的设计方案的话，说明这个过程也是出成果的阶段，更是方案构思出现智慧光芒的阶段。另外，当处于如此艰苦构思创作方案的过程中，切忌情绪急躁，培养必要的耐心与韧性，才有可能攀登更高的设计水平与境界。经过反复研究与分析比较，选出相对优秀的方案之后，尚需征求使用者以及施工单位的意见。但是在深入方案中，人的行为心理应放在首位考虑，并且应当关注不同人群的不同需要，方能使初始的构思方案与人的需要密切结合。另外，尚有许多方面的问题需要深入考虑，如具体地带的自然景观、人文遗迹、道路系统、绿化体系、设备管网、通信线路等皆属于公共空间环境设计方面的基本要素，纵然它远比技术阶段和施工图阶段粗略得多，然而上述构成环境的架构因素，却是缺一不可的。遵循这一观念，应在初始方案设计阶段，充分认识综合思考各方面问题的必要性，才能使初始方案加大宽度和深度，也才能给技术设计和施工图阶段打下坚实的基础。

1.4.3 深入阶段

在构思方案过程中，如果能够依照上述的正确方法进行的话，经常会作出诸多各有利弊的设计方案，那就是说需要在深入方案阶段中，加以分析研究、反复比较和深入推敲，从中以辩证的逻辑思维和优选方法树立探索求新的精神，以不断创新的意识选用个性突出、具有特色的设计方案。问题是，在环境设计界，"设计要有个性"几乎成为口头禅，但是怎样产生个性，却茫然不知所措。诚然，对于"个性"与"特色"之间的内在联系大有弄清的必要，即不具备特色的设计不可能产生设计的个性；反之不具个性的设计也不可能具有特色。此外，在这个阶段中还需要锤炼精品意识，所谓精品意识其中含义有三，即设计的目标意识、价值意识、进取意识等内涵的显现。当然有了精品意识，不等于一定能设计出设计的精品。这一点需要认真的提高认识，须知设计精品是不断学习和反复实践的结果，也是不断积累经验的结果，更是不断调查研究的结果，同时还是不断吸收和借鉴国内外优秀设计经验的结果，绝非盲目崇拜所谓的"灵感"，随意拍脑瓜所能奏效的。需要思考如何深入设计方案的技术问题如下：

（1）设计环境所处地段的地形、地貌、标高等有关的现状图与资料。

（2）地段中必须保护的自然环境和人文环境方面的建筑古迹、地域文化、宗教信仰、风俗习惯等现状图像与文字记载。

(3) 城市的建委、规划、房管、专家、投资、标准以及居民等方面对设计方案的意见，经分析研究并作出分级、分类的资料体系，纳入技术档案，以备改进方案的基础，经过反复思考与构思，将比较成熟的设计定案带入施工图前的技术综合阶段。

1.4.4 施工图阶段

这是一个原则性和技术性极为重要的阶段，也是环境设计、工程设计、经济核算、模型设计等方面的综合协调的重要阶段，更是实现预想的过程，同时也是反复研究与探索创新的过程。因此按计划应作到下列几点：

(1) 编制说明书；
(2) 地形、地貌现状图及特点说明；
(3) 核对实际情况，并在现状图上标明；
(4) 根据现状图提供的标高体系，作好竖向设计；
(5) 在新的总体布局图中标出需要保留的古迹；
(6) 针对地下的具体情况，进行实地考察和勘探，并需提出详细的勘探报告；
(7) 拍摄实地考察后的特色图像与文字说明；
(8) 在总体布局资料中，说明自然景观的特色；
(9) 组织各工种设计工作人员和技术总负责人精心审核图纸并签字和单位盖章方能生效；
(10) 制作正式的与精确的模型；
(11) 向施工单位交底。

当然，在实际工作中，应视项目的规模大小、难易程度等方面的因素，在保证质量的前提下，可相应地制订具体的设计程序、方法和步骤，以利于提高工作效率。以上所论述的方法与步骤，是设计部门大致的工作程序，各地区或城市也不尽相同，仅供读者学习和参考。

第2章
公共空间城市广场环境设计

第2章 公共空间城市广场环境设计

基于人类对生存空间的发展需要,所构成的广场空间环境,已经历了上千年的历史,可谓由来已久。城市公共空间的广场环境场所来源于欧洲,它既是地中海城市文化的特征,也是欧洲人喜闻乐见的生活方式的体现。同时要看到,西方国家如此发达的城市广场空间形式,还促进了其他国家城市广场空间形式的发展。总之,由于社会的发展、交通的提高、生活的需求等因素日趋升级,乃是广场空间形式之所以能够沿袭至今的缘由所在。广场空间环境具有聚散人流、社交活动、文娱休憩、散步游玩等功能性,因此在设计时需要体现人性化的特征。因而这类空间环境,既是人群之间和谐共处的场所,又是城市文明特色的亮点。从理论上和实践上分析研究,城市公共空间广场环境的内在因素所显现出的综合性,以及体现在对地域的文明历程、优秀传统、空间艺术等方面的更高层次的境界追求上。

城市公共空间环境的类型较多,广场则是其中比较突出的类型,从功能性质上分析,可以概括为以下几方面:交通广场、商业广场、文化广场、园艺广场、纪念广场、宗教广场以及综合广场等。就上述几种类型来说,无论反映在广场设计上,还是反映在艺术构思技巧上,都存在着不少差异。如果在创作过程中加以认真思考并找出它们之间的差别和不同性质广场环境的个性特征,并能够有机运用这些差异性,则有可能创造出新颖别致的广场环境。

公共空间中的广场环境,如果设计得体的话会耐人寻味而意味无穷。但是如何设计好广场的空间环境呢?绝非仅仅依靠建筑界面、道路桥梁和排列整齐的电线杆及构筑物等组合要素所能胜任的,正如优美的室内环境中离不开精巧别致的空间组合、舒适得体的家具陈设、优美动人的绘画雕塑、丰富多彩的吊挂织物、充满情趣的盆栽和别具一格的灯具造型等。通过将布局技巧与艺术处理有机结合创造良好室内空间环境一样,在广场空间环境的具体场所中,也需要依据具体的条件,精心选择各种组合要素,进行审慎的构思,满足和丰富人们的活动需要,才有可能使广场空间环境具有动人心弦的效果。但是在选择环境的组合要素时,应把握住环境美的"度",过于浓妆艳抹则庸俗,过于简单乏味则单调,能否做好要看设计师的素养和设计水平而定。另外,融于环境之中的小品与雕塑所产生的美感,极易引起人们心灵深处的愉悦和震动。但问题的焦点是，在城市建设或改造的过程中，如何定位广场中的小品或雕塑的造型特色呢？首先应当明确优美的环境场所是小品与雕塑等组合因素创作的重要依据。反之，小品或雕塑等优美的艺术形式又会为特定的环境场所增添异彩，如此相互协调的关系是相互依存水乳交融的，片面强调哪一方，都会产生不相协调的后果。因而在广场空间环境设计中，如果需要设置小品、雕塑的话，则需在设计创作的过程中，考虑具体环境场所的文化背景、内涵特色、比例尺度、人流轨迹、视觉角度等，才能把握住所构思的形体与神韵，以及与空间场所之间相互协调的视觉艺术关系，设计者若能具备这样创作观和技巧的话，或许能够找到空间环境设计的协调美。此外，建筑小品、城市雕塑等要素造型的内在美，应与人的情感相融通，使美的空间环境成为陶冶人们情操的场所，也就是说，不能把与环境特色毫不相容的所谓的"艺术形体"，强加于广场环境空间之中，导致事与愿违的恶果，避免出现人们因无法享受美好环境的愿望落空而失望的情况。

在城市公共空间中，可以把广场环境视为带有典型性、思想性、艺术性和人性化的场所，正如《城市景观设计》一书在导读中阐述的："……对它的定义涉及各种不同的因素：已建成空间的空地；一个有秩序的点，在其周围形成城市构架；在建筑密林中的一个呼吸点；一个相遇和关系点；一个休闲的场所；还有不要忘了许多广场还有象征意义（与历史或某地政府有关的纪念场所）；也不要忘了它的城市公园的价值，它是我们时代的交通繁杂中的一块益人的地方……"[1] 上述分析是中肯的，它给予我们清晰的启迪。

下面依据不同的广场环境性质，分别加以论述。

2.1 交通性广场的环境设计

基于交通性广场功能性质的定位，确定了以组织人流、车流、货流为主，应具有良好的"聚合"与"疏散"各种不同类型流线的体系，因而在空间组合设计上，要求交通流线畅通无阻，避免各流线之间交叉干扰。另外，在最大限度满足科学技术要求的基础上，充分体现视觉艺术的效果，使技术与艺术两者之间有机联系，方能使交通广场设计的基本性能得以较好的发挥，才能满足人们在广场空间环境中，获得物质与精神上的需求。例如荷兰鹿特丹(Rotterdam)中央火车站的交通广场（图2-1）和杭州新铁路旅客站的交通广场（图2-2a、b、c、d）。应该明确提出，所谓交通广场绝非交通停车场或是

---

[1] 关鸣编辑．吴春蕾译．城市景观设计．南昌：江西科学技术出版社，2002．

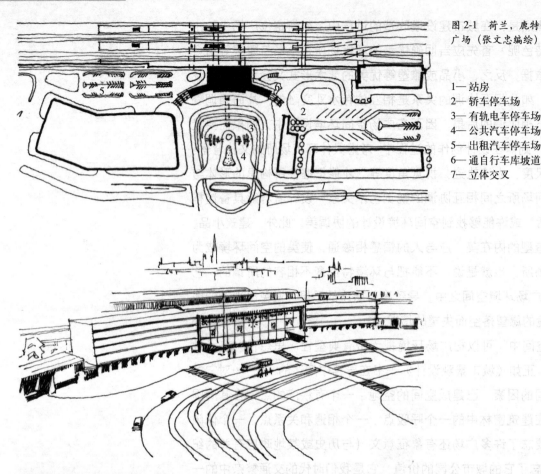

图 2-1 荷兰，鹿特丹中央火车站交通枢纽广场（张文忠编绘）

1—站房
2—轿车停车场
3—有轨电车停车场
4—公共汽车停车场
5—出租汽车停车场
6—通自行车库坡道
7—立体交叉

简介

杭州新铁路旅客站的室内外公共空间环境设计，非常重视空间组合的统一性、连贯性、序列性和艺术性，在流线布局中既注意到车流的顺畅与简捷也注意到人流的便利与安全，同时还注意到空间组合的艺术形式，从总平面图中可以看到它的有机联系性。

设计单位：中联程泰宁建筑设计研究所
主要设计人：程泰宁　叶湘菌　胡建一
　　　　　　刘辉　钟乘霞
总建筑面积：110000m²
设计/竣工时间：1991—1996/1999

图 2-2a 杭州新铁路旅客站公共空间环境设计简介（摘编自《中国建筑师作品集》1999—2005）

第2章 公共空间城市广场环境设计

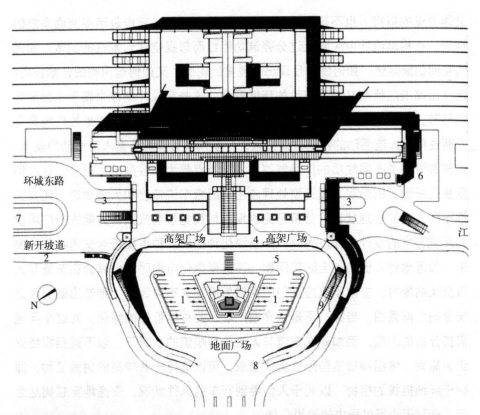

1—大客车停车场
2—公交车下车场
3—公交车上车场
4—小汽车及出租车下客点
5—公交车及大客车临时停车点
6—行李广场
7—已有建筑
8—上坡道
9—通地下广场

图 2-2b 杭州新铁路旅客站交通广场平面图（摘编自《中国建筑师作品集》1999—2005）

图 2-2c 杭州新铁路旅客站广场局部景观（张文忠改绘）（摘编自《中国建筑师作品集》）

图 2-2d 杭州新铁路旅客站交通环境景观（张文忠改绘）（摘编自《中国建筑师作品集》）

23

交通要道的拓宽，也不是交通用具或杂物的存储区。它应是诸多交通系统的枢纽。在构思设计中应防止过分强调功能性而忽视空间艺术性的创造，如围合空间的天际线，如何使它呈现出环境美的轮廓；又如何运用构图艺术技巧，创作出高低起伏而又错落有致的环境景观，这些在设计创作中属于十分重要的环节。诚然，它与其他类型的广场设计是有着区别的，如娱乐性广场具有间断性集中人流活动的特点，而纪念性广场则具有静谧节奏人流活动的规律，这些都说明了不同性质的广场气氛和人流特点是大相径庭的。另外，在广场聚焦处所设置的景观，其造型处理应密切配合车流速度和人流动态，还要关注不同人流的心理状况，分析可见的视角与视觉景观效果，方能进行广场空间环境艺术的设计创作。另外，广场绿化种植的品种也要符合交通特性的要求，如考虑到人流的安全防范问题，在选择绿化布局时，尤其处在车流与人流交叉的地方，应以不遮挡人们的视线为原则来布置绿化，创造出既美观又安全的空间氛围。当然，不是说交通广场都要种植低矮的绿化，对这个问题需持分析的态度，例如处在车流与人流并列顺流的状况下，以不遮挡视线安全为原则，依据种植造型形式美的要求，可以选择一些较高的树冠品种，即树干纤细挺拔的植物，以利于人们看到行车的来往状况，安逸地穿越树丛之间，有利于步行过程中的愉悦心情。

2.2 文化性广场的环境设计

在近代城市公共空间的发展中，很多设计者借鉴了其他发达国家的经验，常在文化娱乐聚集的场所布置文化性质的广场空间，以满足人们对文化活动的需求。并且常把一些具有文化、观展等性质的建筑类型布置在文化广场的空间环境周围，借以丰富文化广场空间的内容和氛围。从城市或区域整体的均衡服务上看，上述这些组合措施，需要把满足人们的物质生活与精神生活双重的内涵有机地融合进空间环境之中，方能称之为全面而又理想的设计。文化广场的内涵远不是单纯供人玩耍的地方，它既是人们享受高层次文明的场所，又是现代城市文明程度的反映，如天津博物馆广场空间环境（图2-3a、b、c、d）、广州科学城中心区环境（图2-4a、b）、日本筑波中心广场（图2-5a、b）等优秀实例，皆能有力地说明这些设计构思的生活气息和重要价值。

除上述的国内外典范实例外，尚有不少具有鲜明特色的实例，如那些重视历史遗迹、追求历史趣味、体现地域文化特色等方面的名作，下文列举了

第2章 公共空间城市广场环境设计

天津博物馆——"天鹅展翅"

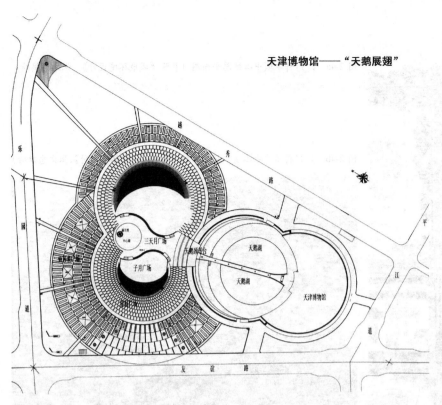

图 2-3a 天津博物馆总平面环境布置图（摘编自《中国建筑100》丛书）

图 2-3b 天津博物馆鸟瞰环境景观（参照《中国建筑100》丛书，张文忠改绘）

图 2-3c 天津博物馆鸟瞰景观近景（参照《中国建筑100》丛书，张文忠编绘）

图 2-3d 天津博物馆广场环境景观（参照《中国建筑100》丛书，张文忠编绘）

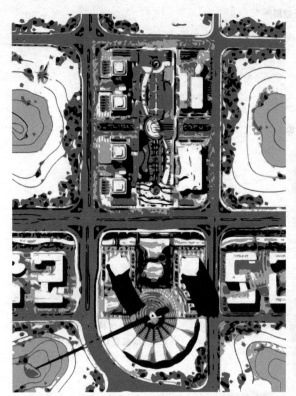

图 2-4a　广州科学城中心区总平面图（参照《城市环境设计》，张文忠编绘）

图 2-4b　广州科学城中心区广场鸟瞰图（参照《城市环境设计》，张文忠改绘）

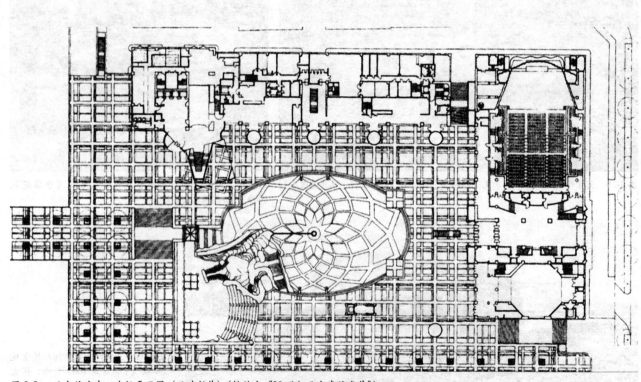

图 2-5a　日本筑波中心广场平面图（矶崎新作）（摘编自《20世纪西方建筑名作》）

一些实例,借以加深对历史文化环境设计的理解。如号称音乐之都的奥地利维也纳市的迈克尔广场(图 2-6a、b、c),在修建挖掘过程中有意识地保留了罗马帝国时期的遗迹,显示出浓郁的历史文化色彩,让人们观赏到跨越两千年之久的建筑历史的断面,这是多么生动而又深刻的公共空间设计,同时也显示了设计者非凡的水平。[1] 当然,闻名于世的历史文化性的广场,无论在继承优秀遗产上,抑是在娴熟的设计艺术技巧上,皆拥有丰富的、值得借鉴的方法和要领,因而被人们公认为经典,这些设计经验值得后人认真学习和深入研究,这对我国的环境艺术设计大有裨益,尤其有利于青年学生和设计师打好设计的基础和促进设计领域的发展。例如举世瞩目的历史性广场——梵蒂冈的圣·彼得大教堂的建筑与广场环境空间,其始建于公元 324 年,几经修改于公元 1506 年重建,其中有几位大师曾经参加过其建设,如拉斐尔、佩鲁齐、桑加罗及米开朗琪罗等(图 2-7a、b、c、d、e)。另外,威尼斯圣马可广场历经多个世纪,几经周折方建成为目前看到的盛世景观。广场南侧原是托卡雷王宫,很早就成为政治宗教活动中心,构成了圣马可广场丰富的历史渊源。从空间构图上讲,广场的建筑体型高低错落有致、比例尺度协调、对比强弱有度、色彩斑斓和谐,其综合效果充分体现出整个环境神圣、平和、愉悦的特征,达到引人入胜、难以忘怀的境界(图 2-8a、b、c、d)。

图 2-5b 日本筑波中心广场环境景观(参照《20 世纪西方建筑名作》,张文忠编绘)

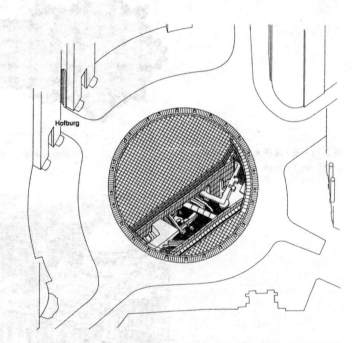

图 2-6a 奥地利,维也纳迈克尔广场不等角轴测图(摘自《城市景观设计》)

---

1 关鸣编辑. 吴春蕾译. 城市景观设计. 南昌:江西科学技术出版社,2002.

公共空间环境设计

图 2-6b 奥地利，维也纳迈克尔广场局部景观（参照《城市景观设计》，张文忠编绘）

图 2-6c 奥地利，维也纳迈克尔广场局部景观（参照《城市景观设计》，张文忠编绘）

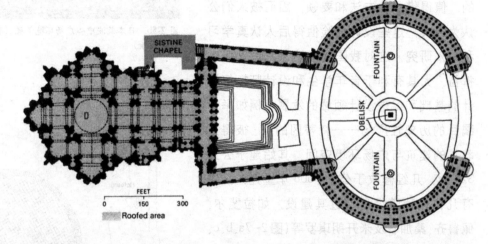

图 2-7a 圣·彼得大教堂平面图
（参照 Art-Through the Ages）

图 2-7b 圣·彼得大教堂鸟瞰图
（参照 Art-Through the Ages，张文忠改绘）

图2-7c 圣·彼得大教堂立面景观（参照张文忠拍摄照片，张文忠编绘）

图2-7d 圣·彼得大教堂广场局部景观（参照张文忠拍摄照片，张文忠编绘）

图2-7e 圣·彼得大教堂广场细部景观（参照张文忠拍摄照片，张文忠编绘）

图2-8a 威尼斯圣马可广场平面示意图（张文忠编绘）

29

图 2-8b　威尼斯圣马可广场局部景观（张文忠绘）　　　　　　　　　　　　　　　　　　　　（张文忠绘）

图 2-8c　威尼斯圣马可广场建筑远景（参照张文忠照片，张文忠编绘）

图 2-8d　威尼斯圣马可广场建筑近景（参照张文忠照片，张文忠编绘）

2.3　纪念性广场的环境设计

纪念性广场环境设计，常为了表现对人类作出卓越贡献的人物或历史发展中的光辉业绩，而构成纪念性广场的公共空间，需要设计师运用高超的设计技巧，把握住深层的构思意境和空间环境艺术气氛，建成后既可起到洗涤人们灵魂的功效，又可起到教育后代的作用，还可以体现出民族精神的高尚境界。所以，纪念场所公共空间的艺术创作具有较高的难度，如整体设计的构思立意、造型艺术的寓意内涵、纪念空间的组合特色、地域文化的有机融合等，因而要求设计工作者具有较高的素养和与之相应的设计水平，方能胜任纪念性广场空间环境的设计任务。因此，当设计者接受到这类任务后，需持深入思考、反复推敲、刻画入微的创作思想与程序，并善于运用高超的艺术技巧进行构思创作，或许有可能给人类历史留下值得纪念的优秀作品。另外还应注意的是，不同城市或地区纪念性广场的环境设计，常因为自然环境的条件、原来规划的格局、地域文化的特点、经济承受的能力等方面的差异，均需采用不同的设计方法，因地制宜地进行探索和构思，才能顺利地完成所承担的设计任务。一般城市为了纪念某一影响深远的重大事件、英雄人物、历史遗迹等项内容，特辟一定的公共空间场所，布置一些令人深思或怀念的景观和小品，起到教育人民、弘扬美德、牢记历史、充实生活、丰富城市内含的作用。例如波兰克拉科夫的新协和广场，则是为了纪念1943年法西斯驱赶当地犹太人到普拉茨沃集中营遭受迫害的行为而建设的，其设计特点突出表现了人在离开其处时所遗弃的家中用品，是最令人感到惨痛的刻画，也是这一纪念广场最震撼人心的景象内涵。如总体平面布局和夜色凄凉景观所示（图2-9a、b），其构思意境的深刻性和艺术性显示了设计作品的感染力是异常非凡的。中国是一个历史悠久、文化灿烂、艺术丰厚、英雄辈出和业绩丰富的国家，很多地区或城市发生过值得纪念的事情和留存了很多值得敬仰的人物事迹，这一丰富多彩的背景给不少城市的公共空间环境设计，提供了非常丰厚的创作基础。如屹立于厦门鼓浪屿的民族英雄郑成功的纪念性雕像（图2-10a、b、c）。雕像屹立在高耸的岩石上，在波涛澎湃、礁石林立、海阔天空的环境空间的衬托下，更显得挺拔坚毅、雄伟壮观。有力地表达了反抗侵略的英雄气概、伸张了中华民族的正义、讴歌了浩然正气的中华魂，所以他既是一座永

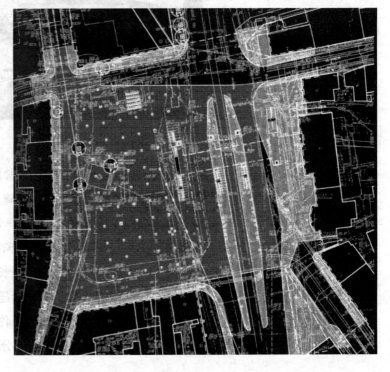

图2-9a 波兰，克拉科夫新协和广场总平面图（摘自《世界建筑》2005.5）

图 2-9b 波兰,克拉科夫新协和广场夜色景观（参照《世界建筑》2005.5 原图像,张文忠编绘）

图 2-10a 厦门鼓浪屿郑成功立像海滨总平面布置示意图（张文忠绘）

图 2-10b 浩气长存环境景观（张文忠绘）

存于人们心中的丰碑,又是感人肺腑的空间场所。又如为了纪念天津引滦入津水利工程壮观事迹而建造的纪念碑,既是歌颂翻江倒海的伟大治水工程,又是讴歌苦水变甜水的伟大创举（图 2-11a、b、c）。再如河北省井陉万人坑纪念馆区,其所表达的纪念性与怀念性是异常突出的（图 2-12a、b、c、d）。该设计创作中,运用建筑设计的语言,如漫长的粗放石路、深沉的厚重墙体、凄惨的手臂雕塑等,有效地揭露了旧社会压榨矿工残酷的历史事实,使这一特定的场所升华为控诉的环境,并赋予了作品高度的艺术感染力,使其成为教育人民的公共空间场所,应该说这些充分体现了环境设计的重要内涵和饱满力度。

图 2-10c 顶天立地的雕塑（张文忠绘）

图 2-11b 天津引滦入津纪念碑总体景观（张文忠绘）

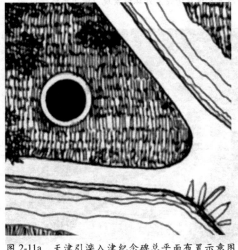

图 2-11a 天津引滦入津纪念碑总平面布置示意图
（张文忠绘）

图 2-11c 天津引滦入津纪念碑细部景观（张文忠绘）

图 2-12a 河北省井陉万人坑纪念馆建筑与环境设计（作者：沈瑾、许海梅；单位：唐山市规划建筑设计研究院）

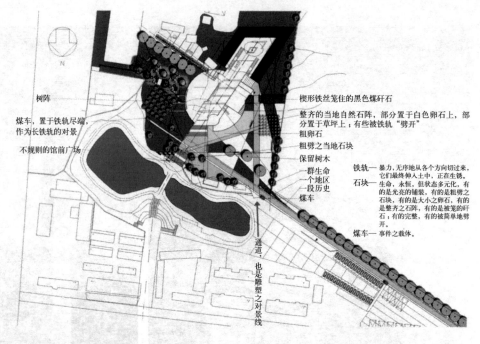

图 2-12b 河北省井陉万人坑纪念馆纪念性手臂雕塑（张文忠编绘）

图 2-12c 河北省井陉万人坑纪念馆室外环境景观（张文忠编绘）

图 2-12d 河北省井陉万人坑纪念馆室内环境景观（张文忠编绘）

2.4 商业性广场的环境设计

处于经济高速发展的现代城市，结合商业区特性的实际需要，为了有效地组织人流、货流、车流的正常运转，常在繁华地区开辟一定规模的广场空间场所，以利平衡购物和各类流线活动的顺畅通行。此外，广场空间仍需满足人们的休憩、娱乐、观光、餐饮、购物等项活动的需求。因此商业性广场所包含的内容既是多方面的也是综合性的，例如广场的休息空间需要绿化体系穿插于休闲场所之中，它有利于营造浓郁的休憩气氛，与此同时还可以增强休息环境的小气候的调节，比如洛杉矶 FIG 购物广场（图 2-13a、b）。下面选择不同类型的实例，借以加深对商业性广场的认识，如：荷兰鹿特丹舒堡广场，在空间组合上是以商业建筑为主，公司办公建筑为辅的空间围合方法组成的商业广场（图 2-14a、b、c）。从此例可以看出，它与交通性广场的人流组织相比，人流组织的合理顺畅、易于停留为其主要的特点，为此需要控制一些交通通道，使它们绕道而行，借以于保持商业性广场特殊要求的特征。在设计时应满足下列基本要求：繁荣红火而不杂乱无章、人车来往而不交叉干扰、种植绿化而不阻挡视线、噪声源多而不强烈刺耳、标志牌明晰而不随意摆放等。

总之，商业性广场与其他类型广场相比不尽相同，在设计时应重视这个区别点，针对商业广场的特点方能做好此类型广场的设计。因此，在环境设计时除应注意自然环境、人文环境之外，还需注意人工环境的塑造，在探询

图 2-13a　美国，洛杉矶 FIG 购物广场局部景观（摘编自《当代美国城市环境》，边放编著，张文忠编绘）

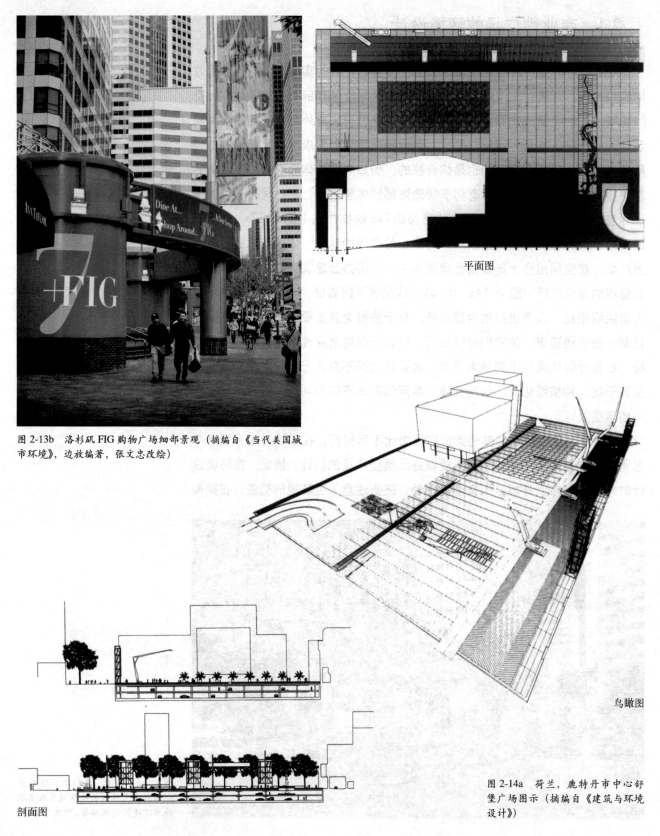

图2-13b 洛杉矶FIG购物广场细部景观（摘编自《当代美国城市环境》，边放编著，张文忠改绘）

图2-14a 荷兰，鹿特丹市中心舒堡广场图示（摘编自《建筑与环境设计》）

平面图

鸟瞰图

剖面图

图 2-14b　夜色中的舒堡广场（摘编自《建筑与环境设计》，张文忠改绘）

图 2-14c　在舒堡广场欢乐游玩的人群（摘编自《建筑与环境设计》，张文忠改绘）

图 2-14d　舒堡广场的局部景观（摘编自《建筑与环境设计》，张文忠改绘）

环境内涵之后，才能奠定好设计构思的基础，以利较好地显示商业性广场的特性。另外，尚需反复研究与推敲，并能娴熟地运用环境与建筑特有的艺术手段，使之达到理想的境界。

2.5 行政性广场的环境设计

在一些城市中常将某些政府机关办公的建筑或建筑群布置在行政区的范围之内，并围合成为广场空间，以利创造办事方便、端庄大方的广场氛围。然而，当具体设计时，需要克服某些陈腐的观念，如过分强调行政办公建筑性质的严肃性而忽略了接近人民的亲切性；过分强调装饰的豪华性而忽略了办公建筑的朴素性。综观世界各国，已有不少值得借鉴的例子，例如美国明尼阿波利斯市的联邦法院广场，明显表达出空间组合平衡稳定、天际轮廓简洁平整、围合手法朴素大方的特色。因而在设计技巧上，应综合运用各种不同类型的广场组合元素，如建筑、路灯、小品、绿化等，通过精细布置使广场充分反映出行政办公的特色（图2-15a、b、c）。应该看到此例至少在设计上，非常关注朴素大方的办公性格特征，是值得我们学习和借鉴的。

为了论述方便，尽管可以将广场环境设计，按使用性质划分为若干类型，但实际上不少城市广场常具有多功能性，或称之为综合性的广场。因此，在设计上有着一定的复杂性。如位于法国里昂的德侯广场已不适应今日的要求，原来位于广场上的市政厅、圣皮埃尔宫、泰荷石台等，因它们都围绕在伯托尔德喷泉的四周而阻碍了城市公共空间的活动，因此德侯广场成为里昂城市发展的障碍。但是德侯广场又居于城市中心的部位，为了满足城市活动顺畅与舒展的新要求，将伯托尔德喷泉搬迁到广场的北部边缘，并使德侯石台座显露出来，构成优美的一景。另外，四马奔腾的景观造型，异常生动欢快，之所以生动系与里昂的罗纳河和索恩河紧密相连的地理特点有关，为此创作

图2-15a 美国，明尼阿波利斯联邦法院广场平面布置图（摘自《建筑与环境设计》，天津大学出版社）

第2章 公共空间城市广场环境设计

图 2-15b 明尼阿波利斯联邦法院广场俯视效果（摘自《建筑与环境设计》，天津大学出版社，张文忠编绘）

图 2-15c 明尼阿波利斯联邦法院广场局部景观（摘自《建筑与环境设计》，天津大学出版社，张文忠编绘）

公共空间环境设计

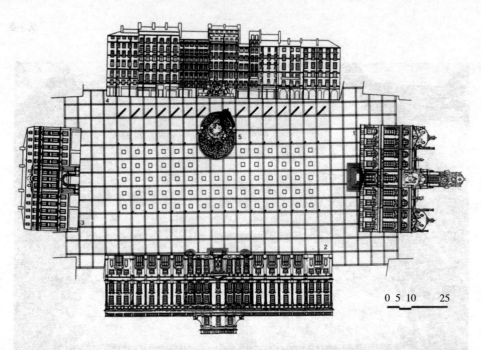

图 2-16a 法国，里昂德侯广场总平面图（摘编自《城市景观设计》）

图 2-16b 里昂德侯广场远景景观（摘编自《城市景观设计》，张文忠改绘）

图 2-16c 里昂德侯广场局部景观（摘编自《城市景观设计》，张文忠编绘）

出与双河浑然一体的环境特色（图2-16a、b、c）。因此在设计时，要求设计师弄清设计任务书的各项要求，在认真思考和分析研究的基础上，加强对实际地区的考查，并总结出需要解决的问题。最终还要明确在多种功能广场的设计要求中，应分析出哪一项功能要求相对地处于较主要的地位，而其他哪些功能的要求，相对地处于为辅的地位。设若具备如此科学性的基础资料分析，无疑可以给广场设计奠定设计目标的准确性，即"意在笔先"是进行设计的灵魂，否则就会陷入盲目的状况，其后果是不堪设想的。

时代的发展，汽车等高速运输工具的出现，给现代城市人的生活环境质量既带来出行方便的效益却又引来灾难性的后果，如噪声干扰与空气污染，已达到相当严重的地步。因此，作为设计者有责任大声疾呼，城市建设与改造，必须把人的生存环境质量放在第一位，方是近代城市环境发展的健康之路。

第3章
庭院场所的公共空间环境设计

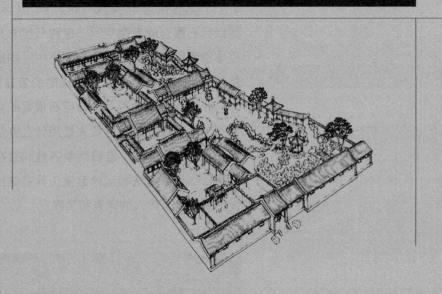

第 3 章 庭院场所的公共空间环境设计

3.1 概述庭院空间环境的发展

从人类历史发展的角度上看,为了生存而不断地适应和改造栖身的场所,所显示出的围合空间的意识和能力,可追溯到远古年代。例如公元前 1650 年英格兰威尔特郡的史前巨石建筑遗迹斯通亨奇(Stonehenge)环状列石(图 3-1),其直径为 97 英尺(约为 29.57 米)。应该看到在三千多年前,人类就能以巨石围合成庭院空间,堪称气度非凡、粗放有力、雄伟壮观,尤其它的整体造型能融入大自然的氛围之中,构成天地之间浑然一体的纯朴景观,更加使这份举世瞩目的远古巨作的价值显得难以估量。虽然今天所见的石柱,多已残缺不全,青石立柱和巨石横梁屹立着的也不过十几组,但是仍令世人震惊,我们难以想象古代人是用什么办法从几百千米外的山区采集巨大的青石,经过精心雕琢,准确而整齐地码放在一望无际的索尔兹伯里平原上,又是用什么计算方法和运输起重工具将这些巨石摆放成环状的圆形。这些问题显然是值得当代人的深究和赞叹。

图 3-1 英格兰斯通亨奇巨石阵(张文忠编绘)(参照 *Art-Through the Ages*)

再从中国发展史上看公共空间环境艺术的问题，不难看出无论是宫殿建筑群，抑是民居院落，或是园林等的庭园空间的设计方法与处理体系，尤其是建筑与庭院之间的密不可分的关系，皆显示出东方人的智慧与特色，与西方的庭园布局迥然不同。依据文献记载，在河南省偃师二里头所发掘的夏朝庭院遗址（图3-2）距今已有3000多年的历史，属我国夏王朝商族人建造的夏末古都。其总平面近似正方形，以一号宫殿院为例，其南北向约为100米，东西向约为108米，在当时的条件下，可谓规模宏大而又壮观，这说明中国的古人早在3000多年前就已创下了用墙体和回廊围合庭院的壮举。另外，北京的天坛始建于公元1420年，其中圜丘坛是皇帝祭天的地方，系明代的原址，18世纪清朝乾隆时期改建而成（图3-3a、b）。它与斯通亨奇巨石阵围合空间的构思方法基本一致，只不过前者采用巨石阵来围合空间；后者则用精雕细刻的汉白玉石栏杆与灿烂夺目的红墙碧瓦围合成层层升起的祭坛，更巧妙的是环绕祭坛外构筑了圆形与方形的矮墙，以利于表达"天圆地方"象征含义。

在这里需要对"庭院"和"庭园"的含义加以阐述。从字面上讲《辞海》对"庭院"的注解是："我国旧式建筑物前的空地，也称'院子'。依其位置

图3-2 河南偃师二里头夏朝遗址
（摘编自《中国建筑史》）

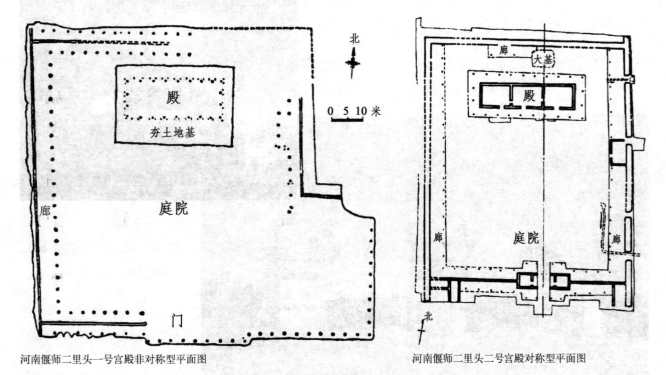

河南偃师二里头一号宫殿非对称型平面图　　　　河南偃师二里头二号宫殿对称型平面图

以上两图是3000余年前的远古城址，位于豫东淮阳地区。平面布局分别近似方形，不少考古学家认为，此遗址系夏末都城，乃是目前发现的最早的以建筑、回廊围合的庭院空间。

公共空间环境设计

1— 坛西门
2— 西天门
3— 神乐署
4— 牺牲所
5— 斋宫
6— 圜丘
7— 皇穹宇
8— 成贞门
9— 神厨神库
10— 宰牲亭
11— 具服台
12— 祈年门
13— 祈年殿
14— 皇乾殿
15— 先农坛

图 3-3a　北京天坛总平面图
(摘编自《中国建筑史》)

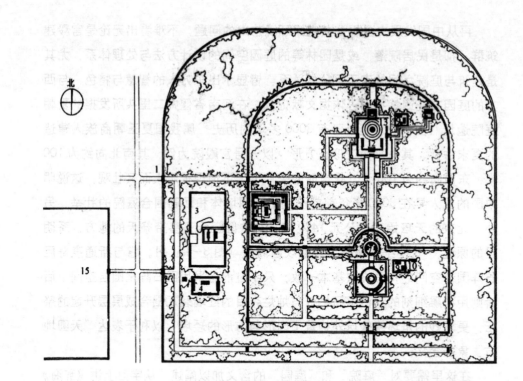

图 3-3b　北京天坛圜丘庭院景观（张文忠拍摄的照片，张文忠编绘）

不同，有前庭、中庭、后庭等。"另外还称之为"庭除"，并注解为"庭前阶下；庭院。"李咸用"题陈将军别墅"诗：不独春光堪醉客，庭除长见好花开。而对"庭园"的注解为："房屋周围的绿地。一般经适当区划后种植树木、花卉、果树，或相应地添置设备和建造建筑物等，以供休息。"所以，建筑室外环境的空间构成，是运用建筑、围墙、曲廊、水渠、绿化、小品等围合而成的庭院空间，而庭院环境又面临于不同的自然环境、文化特色、宗教信仰等差别，因而会产生不同的组合形式。随着社会的不断进步、历史的日益发展、生活的丰富提高，人们的精神境界也在向更高深的领域变迁，庭院的内容与内涵必然会发生重大的变化。作为设计师需要不断更新观念，以适应时代发展的需求。

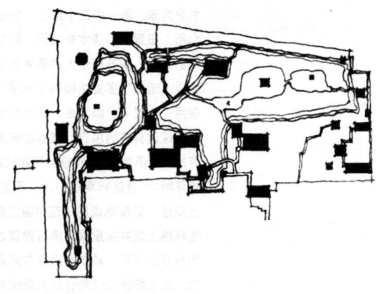

图 3-4a　苏州拙政园总平面图（张文忠编绘）

我国明清两代的私家园林即将庭院与庭园之间有机地联系在一起，并充分体现了环境中诗情画意的内涵，以步移景迁、曲折典雅、丰富多彩的画面，刻画着浓郁的文化色彩，在群体建筑与园林环境的组合上，成为世界上一枝独具匠心的东方花朵。例如创建于公元 16 世纪的苏州拙政园（图 3-4a、b）为明清两代时期的私家园林，历经漫长岁月的兴衰，留存至今，只能说基本上反映出清朝末年的园林建筑的状况和规模。该园占地约 62 亩，整个园区

图 3-4b　苏州拙政园庭园景观（张文忠编绘）

划分为东、西、中三个部分,中部是园布局的重点。园内的园林建筑计有30余所,布置于山清水秀之间,巧妙地组合成为多姿多彩、节奏清晰和美不胜收的景色,系苏州最大的清秀典雅而又丰富多彩的一处园林。在该园的空间组合上运用了多处造园的艺术技巧,如:对叠石、小桥和曲廊等构成因素的应用,达到了分隔水面,构成区段体系的作用,使园内呈现出蜿蜒多变的景观和深邃莫测的境界,堪称造园的典范,也是闻名中外的东方造园技艺。但有的人武断地说:"观察当代建筑设计的发展,中国古典建筑的布局,莫有考虑环境。"持这样观点的人,不是肤浅;就是缺乏建筑园艺的历史知识。综上所述,雄辩地说明了在中国古典建筑和园艺的创造中,可见,古代人在经营环境上是异常重视环境与建筑之间的密切关系,其造园的构思境界已达到相当高的水平,其丰富经验与艺术技巧,是值得继承和借鉴的优秀遗产。当然,以上所述仅仅是针对大量优秀的古典建筑与环境完美结合的成功经验而论的,并不是说所有古老的东西都好,也不同意那些将不合时宜的东西,硬说成精华而哗众取宠的行为,更不能苟同有些人不负责任地拿异国的所谓"现代成果"或所谓的"新"提法简单地、不加分析地对我国古今的环境设计成就加以否定的偏见。需知建筑的整体,应包含室内外的庭院空间环境,它既是人类生存的物质需要,同时也是精神需求。另外,由于各国或地区在历史文明、文化艺术、宗教信仰、风情习俗等方面存在不同,因此构成了不同国家或地区庭园风格明显的差异,所涌现出的庭园环境设计也就千差万别,应持科学分析的态度,虚心研究不同国家和地区历史文明的背景,做到"外为中用"的原则,方能使设计创作思想具有宽广而又坚实的基础,这一点应是极为重要和不可忽视的。所以对上述的问题若不分辨清楚的话,将对我国的公共空间环境设计的发展有百害而无一利。

3.2 建筑围合庭院空间的组合形式

运用建筑组群围合出对称型的庭院空间环境,多满足于庄重性的空间组合形式,当然也因生活私密性的需要和四平八稳与隐而不发的习俗,选用高墙围拢、庭院内向、屏风隔离等封闭性的间隔划分手段,极力构成既内向又封闭的对称型庭院空间,以满足住居院落的安详恬静而又能隔绝街区噪声干扰的要求。如北京四合院就能反映出这类庭院空间环境的特点(图3-5a、b)。下面再次举些经典性的实例进行剖析,将有利于加深对这个问题理解。

第3章 庭院场所的公共空间环境设计

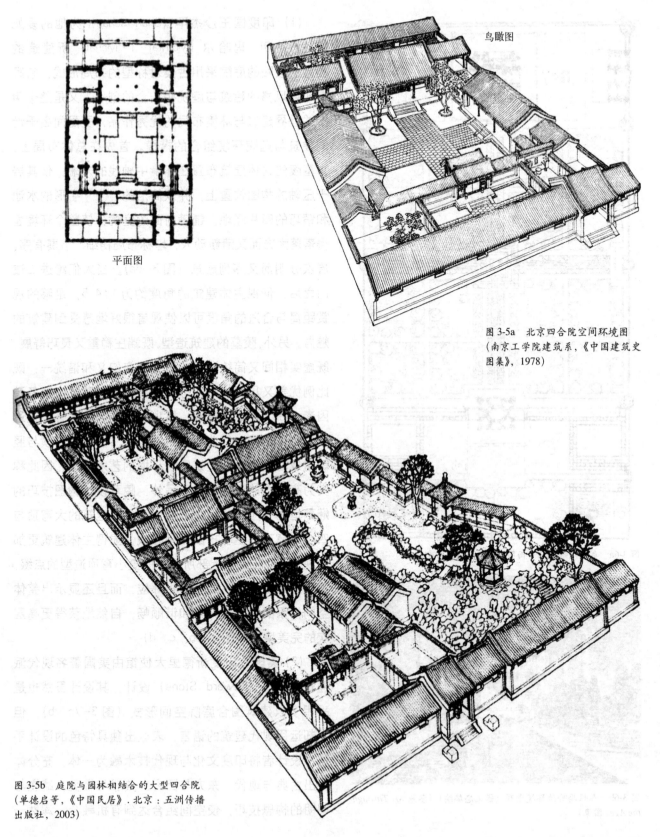

平面图

鸟瞰图

图 3-5a 北京四合院空间环境图
（南京工学院建筑系，《中国建筑史图集》，1978）

图 3-5b 庭院与园林相结合的大型四合院
（单德启等，《中国民居》. 北京：五洲传播出版社，2003）

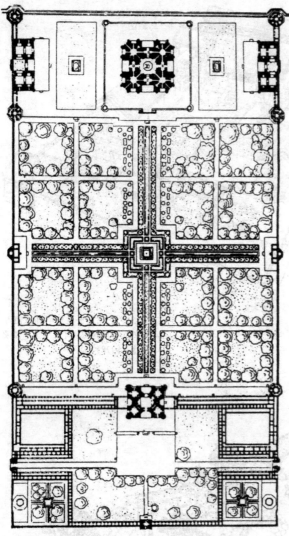

图3-6a 泰姬玛哈陵总平面图（摘编自《外国建筑史》）

图3-6b 泰姬玛哈陵环境景观（张文忠编绘）（参照 *Art Through the Ages* 图像）

(1) 印度国王沙杰罕（Shah Jehan）为他的爱妃姆达士·伊·玛哈尔（Mumtaj·i·Mahal）所建造的陵墓。该陵的庭院采用古典对称型的布局形式，它既是印度风格的建筑与庭院相结合的创举，又是整个伊斯兰世界建筑与环境布局的优秀作品，更是闻名于世的建筑与庭院环境组合的楷模。首先在总体布局上，将墓陵的主体建筑布置在环境中轴线的末端，使其居于压轴的构图位置上，并以简洁的"十"字形的水池和精巧的四片绿地，铺满前面的庭院，使整个环境显得落落大方而又清新动人，堪称布局精细、节奏有序、层次分明而又序列成章（图3-6a）。当人们跨进二道门之后，仰视主体建筑的角度约为1:4.5，足够的观赏距离与合适的角度可以使观者很好地感受到建筑的魅力。另外，陵墓的建筑造型，既端庄稳重又灵巧舒展，既虚实相间又简练顺畅，既穿插变幻又和谐统一，既比例优美又尺度恰当，总之将整体造型艺术中的各种因素，如：建筑、拱廊、拱顶、立柱、台基等，通过运用构图技巧，使曲与直、空与实、高与低、横与竖等组成动人心弦的建筑庭院环境的艺术形象，因此称其为高水平的设计精品。另外，陵墓设计构图技巧的娴熟运用，应该说极为高超，如主体建筑的大穹顶与四个小穹顶的主次搭配相辅相成，显得主体建筑更加壮观，另外在立柱上部所安装的更小穹顶造型的点缀，不仅能与主体建筑的穹顶相呼应，而且还显示出整体空间体系的完整统一与和谐顺畅，自然地获得更高层次的完美境界（图3-6b、c、d）。

(2) 美国驻印度新德里大使馆由美国著名现代派建筑师斯东（Edward Stone）设计，其设计虽然也是采用了以建筑围合庭院空间形式（图3-7a、b），但他却运用现代建筑的语言，表达出独具特色的设计手法。设计者将印度文化与现代技术融为一体，充分体现出古典与现代、东方与西方、典雅与轻盈、端庄与明朗的构思技巧，使空间组合达到有机融合、浑然一

第3章 庭院场所的公共空间环境设计

图 3-6c 泰姬玛哈陵正面图像（参照《世界文明奇迹》图像，张文忠编绘）

图 3-6d 泰姬玛哈陵与清真寺（参照《世界文明奇迹》图像，张文忠编绘）

美国著名建筑师斯东的代表作，以建筑围合的水景庭院在整个环境中显得尤为突出。

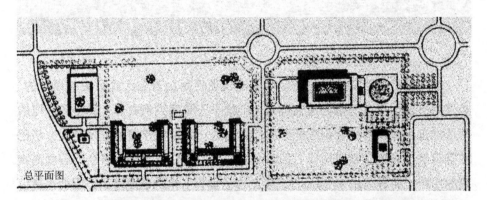

总平面图

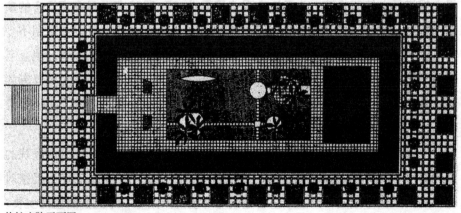

使馆庭院平面图

图 3-7a 美国驻印度大使馆总平面图及庭院平面图（摘编自《20世纪西方建筑名作》）

体。西方常把这种建筑庭院格局称之为"新历史主义"的设计模式。这类作品成功地批判和鞭挞了那些因忽视地域文化、缺乏历史沿袭致使风格单调乏味而不受人们欢迎的建筑庭院作品。所以该作品在当时得到了一定程度的赞赏和影响。

图 3-7b　美国驻印度大使馆建筑与临水庭院（参照《20 世纪西方建筑名作》，张文忠编绘）

（3）巴黎卢浮宫庭院的新金字塔建筑项目是由著名大师贝聿铭设计的。卢浮宫是法国最大的皇宫建筑群之一，位于巴黎塞纳河右岸，其空间环境的营造亦运用建筑群围合庭院的形式，并构成一座富丽堂皇的庭院空间，与巴黎圣母院、埃菲尔铁塔形成名扬四海的三个著名环境景观。当今为国立博物馆的场所，拥有高达 40 余万件之多的古今世界各地的艺术珍品，因而也是世界上规模最大的博物馆。为了适应观览的需求，于 1989 年 3 月在卢浮宫的拿破仑院内，增建一座采用透明玻璃金字塔形的入口。在方案阶段曾遭到不少的非议和反对，但在建成之后却获得颇多的好评。这个轻盈光洁的玻璃金字塔与周围建筑环境相比尺度合适；同时在玻璃金字塔室内向外观赏卢浮宫的建筑外貌时其视线不会受到遮挡；俯瞰庭院中的玻璃金字塔造型，在比例控制上十分合适，与周围环境也异常协调（图 3-8a、b、c、d）。

（4）闻名中外的中国古典皇宫的布局，虽然同样采用以建筑围合庭院的经典布局形式，却强调中国特有的传统布局格式，突出了严肃庄重、工整对称、法式严谨等做法，以显示皇宫建筑与环境的严肃性，令人感到望而生畏。因此宫廷庭院的模式与私人民居、园林建筑相比，显得具有较大的性格差异。但是，皇宫庭院的总体布局，无论在空间组合上还是在颜色处理上，抑是在整体空间环境联系上，从形式美的角度上看，它拥有着端庄美的特色，至今依然是建筑空间环境艺术设计中，具有一定参考价值和可兹继承的类型（图 3-9a、b、c、d）。

第3章 庭院场所的公共空间环境设计

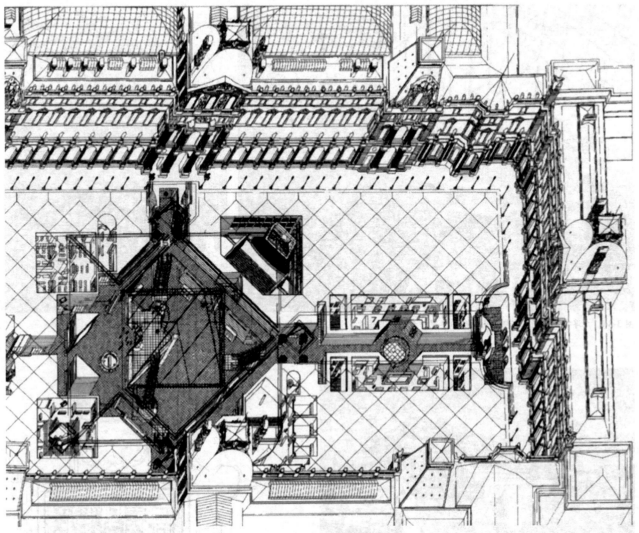

图 3-8a 巴黎卢浮宫扩建后的庭院空间布置图（摘编自《世界建筑20年》）

图 3-8b 巴黎卢浮宫庭院景观之一（参照作者原作，张文忠编绘）

图 3-8c 巴黎卢浮宫庭院景观之二（参照《20世纪西方建筑名作》图像，张文忠编绘）

53

图 3-8d　卢浮宫庭院新金字塔室内景观（参照作者的照片图像，张文忠编绘）

图 3-9a　北京故宫庭院空间环境（摘编自《中国建筑史——图集》，张文忠编绘）

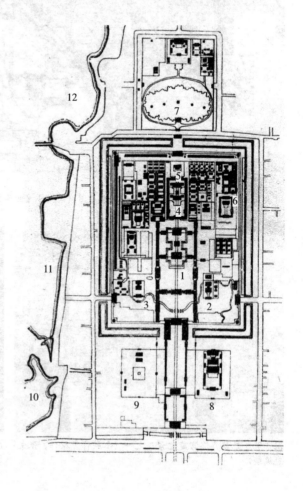

1—太和殿　2—文华殿　3—武英殿
4—乾清宫　5—钦安殿
6—皇极殿，养性殿，乾隆花园
7—景山　8—太庙　9—社稷坛
10、11、12—南海、中海、北海

图 3-9b　北京明、清故宫总平面图

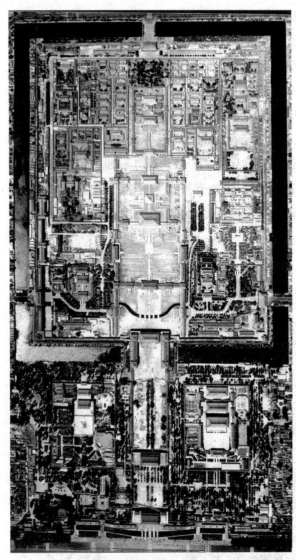
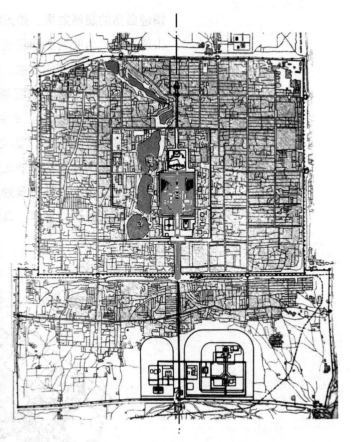

梁思成先生语:"凸字形的北京,北半是内城,南半是外城,故宫为内城核心,也是全城的布局重心。全城就是围绕这中心面部署的。但贯通这全面部署的是一根直线。一根长达 7.8km,全世界最长、最伟大的南北中轴线穿过了全城。北京独有的壮美秩序就由这条中轴线的建立而产生。前后起伏,左右对称的体型或空间的分配都是以这中轴为依据的。气魄之雄伟就在这个南北引申,一贯到底的规模……"

图 3-9c 北京紫禁城航拍图（摘编自《城市设计与环境艺术》）　图 3-9d 明、清朝代的北京城平面图（摘自《城市设计与环境设计》）

3.3 建筑与庭院互补的组合形式

　　此类布局形式反应在中国民居与园林庭园中显得异常突出,尤其在著名的江南园林或民居庭园的艺术技巧中,其小中见大、空实对比、借景生辉、高低错落、曲折有序等组合设计手法使庭园空间与周围环境的组合,达到有机地联系的境界。并善于因地制宜地结合自然环境的特色,创造出雅趣横生、步移景迁、奇异多变的景观,不仅体现出丰满的生活情趣,而且密切配合诗情画意的意境,反映出文化的内涵,使其蕴涵温文尔雅、曲折动人、层次幽深、

公共空间环境设计

情趣自然的超然效果。如无锡寄畅园（图 3-10a、b）的规模并不大，因处于山麓地带，为此置庭园景观面向山峦而建，这既体现了因地制宜的造园原则又达到了借景生辉的效果。该园将园外的群山风光纳入园中，既扩大了观赏视野，又能增加园艺景观层次的艺术效果，使视觉艺术变有限于无限之中，这种造园的艺术技巧，正是中国园林艺术精华的所在。正如陈从周先生在《说园》一书中所论述的："园之佳者如诗之绝句，词之小令，皆以少胜多，有不尽之意，寥寥几句，弦外之音犹如绕梁间……我说园外有园，景外有景，即包括在此意内。园外有景妙在'借'，景外有景在于'时'，花影、树影、云影、水影、风声、水声、鸟语、花香，无形之景，有形之景，交响成曲。所

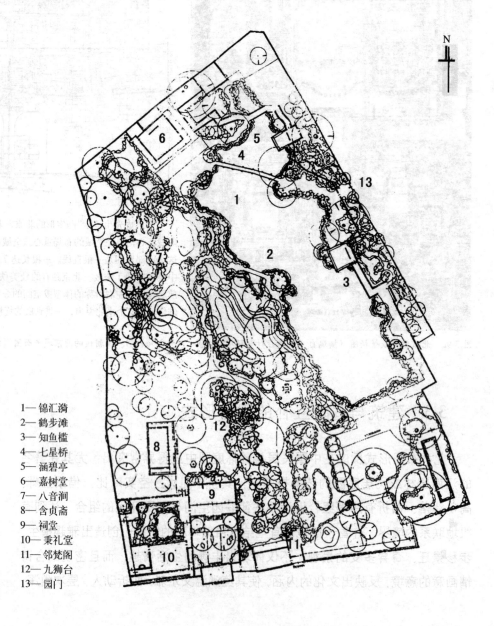

1— 锦汇漪
2— 鹤步滩
3— 知鱼槛
4— 七星桥
5— 涵碧亭
6— 嘉树堂
7— 八音涧
8— 含贞斋
9— 祠堂
10— 秉礼堂
11— 邻梵阁
12— 九狮台
13— 园门

图 3-10a 无锡寄畅园平面图
（摘编自《中国建筑史》）

图 3-10b 无锡寄畅园庭园景观（参照作者的照片，张文忠编绘）

谓诗情画意盎然而生，与此有密切关系。"寄畅园的庭园布局，仅以三亩大小的水面作为全园的中心，园中亭廊、水榭、围墙等造型因素密切与水面、叠石、曲桥相匹配，使水体达到源头幽深、集散有度、导流生动的佳境，使之悠然自得而又妙趣宜人，犹如一幅飘然抒情的画卷，也似一曲悠扬动听的情歌，其水景的荡漾情趣油然而生。尤其是紧靠寄畅园水畔的八音涧，引袭惠山两泉之余流，开辟涧中的支系，环绕于高低错落的水石跌落之中，其流泉、澄潭、曲涧、飞瀑等奇异的水幻景观宛如天降，再加上各种喷水和击石之声，混同为天籁交响乐，让人陶醉于有声有色的庭园环境之中。所以在庭园设计构思中，首先要了解用地段规模的大小，加以分析之后再动笔。若基地规模大的话，牢记组合紧凑的重要性，防止设计方案大而无当，缺少层次感与趣味性；倘若基地偏小的话，要防止造成局促的局面，需运用对比的艺术技巧，做到小中见大，巧用构图手法控制尺度，使人感到宽畅而不拘泥。北京颐和园中的谐趣园（图3-11a、b）为颐和园中的"园中园"，清代皇帝乾隆南下时，异常赏识无锡惠山脚下的寄畅园，因而效仿其中的意境，于1751年建造了这座北方的皇家园林，尽管建筑群是北方皇家园林建筑的风格，但庭园格局依然呈现出江南园林的灵秀气质。该园中央布置了荷花塘，环绕水塘所布置的亭台水榭如：涵远堂、瞩新楼、知春堂、澄爽斋等园林建筑，运用环湖曲廊与之相连接，曲曲弯弯的动人风韵，让人流连忘返而难以忘怀，可称其为身居北方而又含南方风韵的造园佳作。需知，造园有大型与小型之分、市区与郊区之分，动观与静观之分以及枯景与水景之分等，设计者应持分析研究的态度，找出其各自的特点和妙处，就会创作出自然得体的作品。例如：颐和园拥有昆明湖的烟波浩渺之境，而谐趣园则拥有深居山间小巧玲珑的妙趣，两者各具不同的特色，在客观上大趣需要小趣的补充，方能丰富多彩，而小

公共空间环境设计

鸟瞰图

图 3-11a 北京颐和园中之园——谐趣园（张文忠绘）

总平面布局示意图

（参照《典藏世界名胜》图像，张文忠编绘）

图 3-11b 谐趣园庭园环境景观（参照《中国古代建筑》，张文忠编绘）

趣也要依附于大趣整体环境的包容，才能灿烂夺目。此例启发我们在构思造园时，需要领会"有法而无式"之说的内在含义，明代计成提出的"因借"之道，实质上是指要区别不同情况，要"因地制宜地借景"，才能符合造园正确的原则和规律，这就是设计的"法"与"道"。至于"无式"的含义，通俗的说法是："造园是没有公式可寻的"，只能靠设计者的深入思考、探索内涵、不断实践方能挖掘出带有规律性的设计方法，使之巧妙地运用于实际的设计之中，或许在设计创作中有所作为。贝聿铭设计的北京香山饭店（图 3-12a、b、c），在庭院的布局上强调与室内"阳光中庭"的中轴线相呼应，借以体现北京的风格模式和传统风味的内在神韵。显然，在此项设计构思中，他成功地吸收了中国画的素雅墨味，再加上西方立体与平面构成的艺术技巧，同时紧密联系香山周围的自然环境，创造出了意境优美的园林庭院景观，使空间与体型的氛围，流淌出秀丽大方而又清新典雅的气氛，在设计中能营造出实中有虚、虚中有实的境界，是难能可贵的设计构思之"道"。

1—流华池
2—溢香厅
3—浮翠
4—云岭芙蓉
5—海棠花坞
6—游泳池
7—松竹杏暖
8—漫空碧透

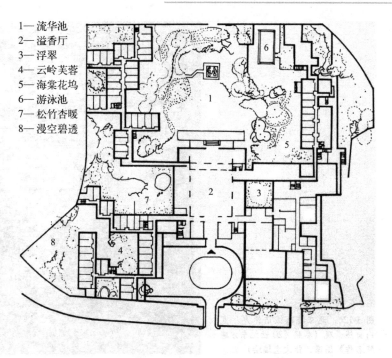

图 3-12a　北京香山饭店庭院总体分布图（摘编自《20世纪东方建筑名作》）

图 3-12b　北京香山饭店庭院局部景观（参照《20世纪东方建筑名作》图像，张文忠编绘）

（张文忠拍摄图像并编绘）

公共空间环境设计

图 3-12c 北京香山饭店休息厅室内自然景观（参照《20世纪东方建筑名作》图像，张文忠编绘）

3.4 自由组合的庭院空间环境

中国庭院空间环境含蓄抒情的体系，恰与西方庭园的开放豁达和追求规整的几何形态的性格特征形成强烈的对比，这说明了东西方文化的差异性影响波及各个领域，当然庭院环境艺术设计也不例外。诚然，在强调东西方文化差异的同时，应当关注西方环境艺术设计的新动态，以利于我国设计者在创作构思中，把握兼收并蓄的设计原则。在西方现代建筑空间环境作品中，运用综合性的围合手法，已创作出不少优秀的庭院案例，同时这些设计作品极其符合现代人的生活需求和情趣，应当给予足够的肯定和重视。

美国威恩州立大学麦克格雷戈尔纪念会议中心（图3-13a、b）是著名日裔美籍建筑师雅马萨奇（Minoru Yamasaki）的代表作。他不仅在此项建筑作品中具有明确的设计理念，而且在其他的现代建筑与环境的设计作品中都体现出尊重历史的设计思想，他曾说过"（在设计中）我意在创作出优美的天际线及丰富的质感和形式，并通过室内空间的布局和精细的庭园景观的处

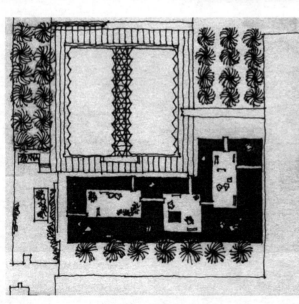

图 3-13a 美国威恩州立大学麦克格雷戈尔会议中心平面图（张文忠绘）

理，生成出平和与恬静的氛围。"这段话忠实地体现了他对环境设计理念的认识与想法。早在 20 世纪 50 年代他就对刻板的国际风格表现出疑义，并认为在现代建筑室内外的空间环境设计中，应适当地引入装饰性的古典建筑语言与符号，以赋予建筑整体环境丰富性、文化性和历史性的内涵与趣味。因此，他的作品不仅优美动人，而且历史韵味浓郁而耐人寻味。有不少建筑评论家认为雅马萨奇的作品充满了"新古典主义"、"折中主义"和"东方情调"等特色。尤其从当代环境设计所涉及的发展与需求上看，面对当今大量建筑作品中暴露出来的忽略历史与地域文化严重缺失的后果，雅马萨奇所持的环境设计观、继承历史观和地域文化观，是具有一定的参考价值的。另外，早期现代派第一代大师的著名作品，在解决建筑与庭院的关系上，其熟练精巧的

图 3-13b 麦克格雷戈尔会议中心庭院景观（张文忠拍摄的图像并编绘）

手法、空间环境的运用、细部格调的处理、构思意境的深邃等，皆达到了很高的境界水平，应是后人学习的榜样。如雅马萨奇在设计美国西雅图世界博览会联邦科学馆（图3-14a、b）的建筑空间环境时，异乎寻常地采用了东方园林与西方园林相结合的艺术技巧。他将建筑作为体块，采用环绕布置的方式将整个环境空间围合成了一个院落的形式，同时每个建筑体块在长宽高上略有差别，组合形成了一个具有中国韵味的"三合院"。他还在院落中布置了大量的水面，又在三合院的入口区域，将一个具有歌特式的玲珑剔透的高塔形状的雕塑放置于一块飘浮在水面上的平板上，整个景观造型给人的感觉十分飘逸、轻松，形成了动人心弦的庭园景观，这座西方世界少见的水院建筑群被保存至今。由于淋漓尽致的水景位于三合院的开口处，引导人流步入庭院时，需经水池中的浮桥、曲廊、亭榭、喷泉、盆景等园林小品，因而东方"曲径通幽"的感受油然而生，使人自然地感觉到东方庭园的风韵，自然美不胜收。

西班牙巴塞罗那博览会德国馆一例（图3-15a、b、c）则充分体现出建筑大师密斯·凡·德·罗"流动空间"的设计理念。在他的设计中，墙体成为其活跃空间的重要手段，他用交叉的构图手法和艺术技巧来围合室内外空

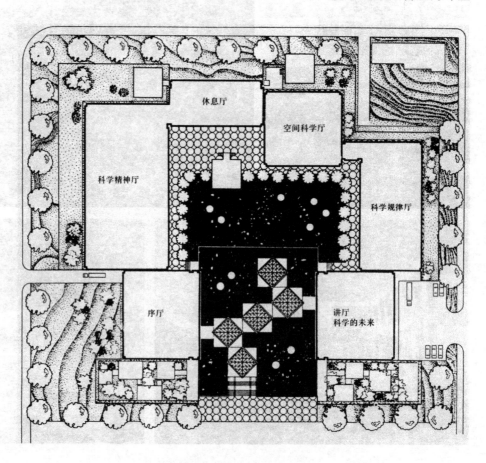

图3-14a 美国，西雅图世界博览会联邦科学馆总平面图（摘编自《20世纪西方建筑名作》）

第3章 庭院场所的公共空间环境设计

图3-14b 西雅图世界博览会联邦科学馆庭院景观（张文忠编绘）

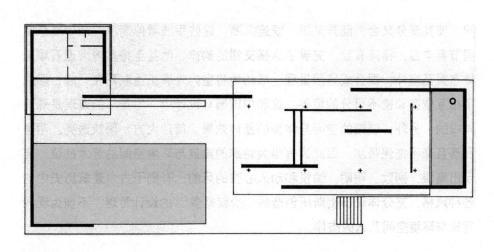

图3-15a 西班牙，巴塞罗那博览会德国馆平面图（摘编自《20世纪西方建筑名作》）

图 3-15b 巴塞罗那世界博览会德国馆室外景观（参照《20世纪西方建筑名作》图像，张文忠编绘）

图 3-15c 巴塞罗那世界博览会德国馆庭院景观（参照《20世纪西方建筑名作》图像，张文忠编绘）

间，使其既分又合、既开又闭、既连又断，这些手法看似简单，却令整个空间节奏丰富、错落有致，充满了纵横交错的韵律。他甚至将室内大理石墙延伸布置至室外，围合成庭院景观，成功地将室内外有机地联系在一起，形成了相互依存和密不可分的境界，这和中国园林设计中"借景"的道理是殊途同归的。另外，该馆的空间与体型的整体效果，简洁大方、明快透亮、明确利落且毫不拖泥带水，因此具有极为特殊的建筑与环境空间的艺术品位，显示出高雅、别致、明朗、愉悦和动人心弦的风韵，有别于古今建筑历史中的各种风格，充分体现出密斯所创造的"少就是多"的设计哲理，不愧为现代建筑与环境空间艺术的杰作。

在我国江南遗留下来的民居环境中,其造园的手法和庭园的形态表现得异常丰富多彩,更是受到了国内外广泛的认可。例如仅距苏州 18 公里之遥的水乡同里,周围环境呈现出河湖环抱、桥岛密布的美景,固有"水乡同里五湖包,东西南北处处桥"之说。同里的民居或园林,与苏州的民居与园林相比,如果说苏州园林的特色更加显示出文人墨客的诗情画意的话,那么,同里的民居园林则显示出朴实无华和生活气息浓郁的风韵。正如《同里》一书中概括的"小镇上民居连绵,街巷幽长,河沿小路,树竹掩映,水道弯弯,小船悠悠"(图 3-16a、b、c、图 3-17a、b)。国外西方发达国家,尤其是大

图 3-16a 古镇同里景区总平面图
(参照同里旅游图,张文忠改绘)

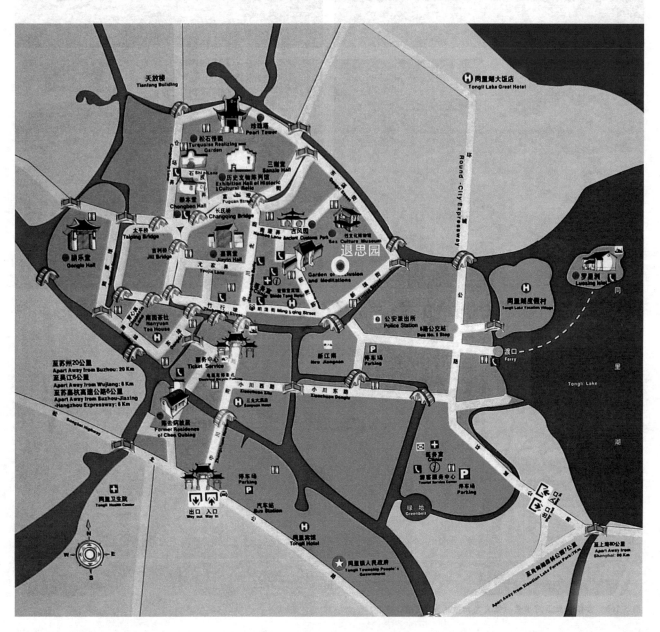

图 3-16b　古镇同里沿河水景（张文忠拍摄照片并编绘）

第3章 庭院场所的公共空间环境设计

图3-16c 古镇同里弄堂景观（张文忠拍摄照片并编绘）

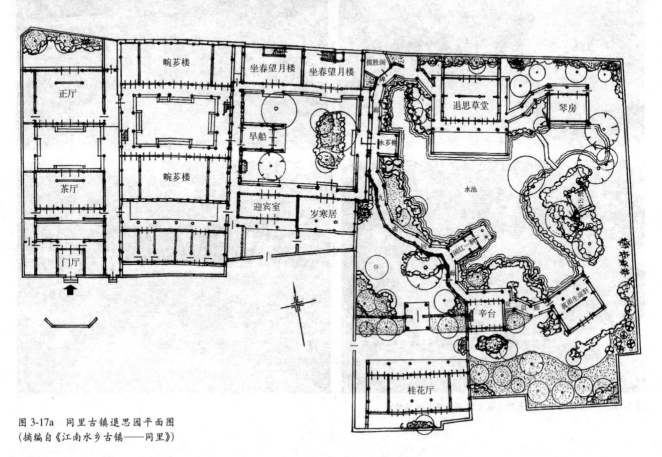

图3-17a 同里古镇退思园平面图
（摘编自《江南水乡古镇——同里》）

公共空间环境设计

图 3-17b　同里退思园环境景观（张文忠拍摄照片并编绘）

型的繁华城市，常因交通过度干扰人们的生活环境，往往设置休闲用的庭园空间，让人们能够在比较安逸的环境中进行休息、散步、聊天和欣赏园艺景色，使人们享受到在闹市中获得安静、甜美环境的情趣。图3-18、图3-19充分体现了大城市人的行为活动及空间审美的需求。

综上所述，前边所论述的关于庭院的类型与内涵，因各种情况不同所面临的问题也不同，其内容和方法亦会相应地有所区别。有关公共空间庭院场所的类型，数量繁多、多种多样，限于教材篇幅不可能一一列举，读者可依据实际情况，针对具体情况进行环境空间的组合设计。切忌被形式的框子锁住设计思想，正如"画有法而无法"的道理一样，应强调因地制宜、调查研究、审慎思考、联系实际、吸收经验、反复比较，以独具一格的创作思路，克服固定的设计模式，或许能够获取符合实际的优秀设计作品。

图3-18 纽约培蕾休闲庭园（张文忠拍摄照片并编绘）

图3-19 美国繁华城市中室内的休闲庭园（张文忠拍摄照片并编绘）

第4章
步行街区的公共空间环境设计

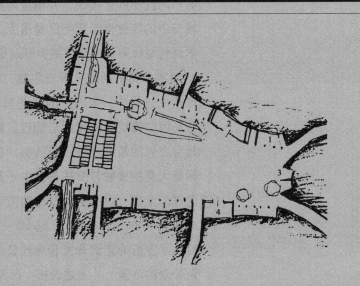

第4章 步行街区的公共空间环境设计

步行街区的出现缘由是多方面的,但其中城市的发展与更新,人类生存的需要以及公共空间的日益复杂与困扰,皆是城市步行街区形成的最基本原因。另外,它与城市设计的发展有着极为密切的关系,在城市空间中联系街区和道路的广场,犹如网络中的枢纽,而环绕广场空间的这些街区和道路会因性质不同产生诸多类型的步行街,如:商业性、过渡性、展示性、陈列性等不同性质的步行街,并相应地随着时代不断更新的需求而发展。其中,在城市中的商业性步行街区显得尤为突出,是近代因交通干扰人们生活而引起的现代城市架构中形成的良好疏通形式。

[英]弗朗西斯·蒂巴尔兹(Francis Tibbalds)针对英国某些地区在城市改建的过程中,呈现出的某些忽视城市历史与文化特色的现象说过:"对城市环境的担忧从未如此迫切过。数百年来,城镇无疑是技术、艺术、文化和社会发展的最高成就。我认为,公共空间领域是城镇最重要的部分,人们之间最大量的接触与交往都发生于此,它是民众的身体和视线所能触及的城市肌理的全部,因而它从城市的街道、公园和广场一直延伸到围合或限定它们的建筑中去。……20世纪50~60年代快速变迁的城市中心,该城市中心经历了空前的建筑开发和高速公路修建,其形成的物质环境远不足以激起当前公众的热情"。[1] 上述论析,已充分说明了在城市空间中,包括步行街在内,存在着不同程度上人们对生活、历史、文化等重要内容的需求,在改建中若依照某些单纯的技术观点即所谓的"城市规划",一味追求现代化而忽视了原有城市所拥有的地域文化的特色,当然会遭到人们的白眼、谴责和唾弃。

在中国各大城市的发展与改建中,也不例外地存在着上述不够理想的现象,这个问题应该引起足够的重视,防止陷入发达国家走过的弯路,应在吸收先进经验的基础上,继承我国城市发展中的特有的文化品位,针对时代的要求,结合不同地区人文历史的条件,创造出具有中国东方韵味和特色的街区。在此例举三个我国闻名于世的古城,借以研究和探索步行街的地域文化问题。如:山西省平遥古城(图4-1a、b、c、d、e)、云南省的丽江古城(图

---

1 [英]弗朗西斯·蒂巴尔兹著. 鲍莉,贺颖译. 营造亲和城市——城镇公共环境的改善. 北京:中国水利水电出版社,2005.

第4章 步行街区的公共空间环境设计

简介

山西平遥古城位于山西省中部,太原盆地南端,堪称历史悠久。据载建造年代为公元前827～前782年,相当于我国周宣王时期。几经周折,后改称平遥,至今已有2700余年的漫长岁月。

公元1370年,即明代洪武三年,对平遥古城进行了扩建。

总平面图

平遥古城鸟瞰景观

图4-1a 山西平遥古城简介
(摘自《城市意匠——图解中国名城》)

4-2a、b、c、d、e、f、g)以及湖南省凤凰古城(图4-3a、b、c、d、e、f)。我们应当在进行步行街的设计时,认真学习和研究这些古城的文化品位,并需要思考一个问题,即老百姓为什么接受和喜欢这些具有浓郁地域文化特色的古城环境?应该说这种现象绝非一时的心血来潮或个人偏爱,乃是人民在漫长的岁月中,通过生存的磨炼和陶冶而融入灵魂的深情爱好,这是任何说法都不能取代的。古城所沉积下来的城市与建筑的语言,具有强烈的中国地

图 4-1b 平遥古城景观之一（摘自《平遥古城》，张文忠绘）

图 4-1c 平遥古城景观之二（摘自《平遥古城》，张文忠绘）

图 4-1d 平遥古城步行街区景观之一（张文忠绘）

图 4-1e 平遥古城步行街区景观之二（张文忠拍照与编绘）

域文化色彩，有别于西方国家城市与建筑的语言，经过分析比较是极其耐人寻味的。对于古代遗留下来的城市与建筑的文化遗产，我们应持科学分析的态度，随着时代的变迁要清醒地认识到，虽然其有可继承的方面，但也要看到古城与现代生活方式不相适应的方面。例如现代城市高速发展的交通，促使交通系统网络不断复杂，如果在规划上和处理上失控的话，就会因此出现失掉地域文化、丧失人性需求、破坏城市特色等严重后果。在这个问题上，已有不少学者和城市设计专家，提出尖锐的批评和富有建设性的论说，是值得我们关注的。诚然，古代城市的街区不具备先进的或大型的交通工具，所

第4章 步行街区的公共空间环境设计

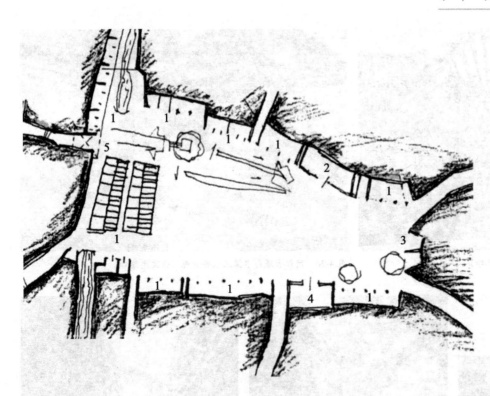

图4-2a 云南省丽江四方街步行场所平面图（摘编自《城市艺匠》）

1—商店
2—邮电所
3—冷饮
4—储蓄所
5—塔楼

图4-2b 作者登山望丽江古城（张文忠绘）

公共空间环境设计

图 4-2c　丽江古城入口景观（张文忠绘）

图 4-2d　丽江古城白水潭三眼井景观（张文忠绘）

图 4-2e　丽江水弄（张文忠绘）

图 4-2f　丽江水街（张文忠绘）

图 4-2g　丽江古城幽深曲巷景观（张文忠绘）

以古城的街道不会宽大，其商业性街区的规模是与当时人们活动的尺度和规模相关联的，即使古城街道也可称之为"步行街"，因此其与现代化城市中心区的步行街是不能相提并论的。所以，当代步行街的布局，其内涵应是体现现代城市设计人性化的创举，同时也是满足人们不断提高的生活质量的必然产物。其内容应容纳：购物、文娱、游览、观展、散步等人们活动的新需求，因排除了各种交通工具的穿越，构成了极为安全的活动场所。

第4章 步行街区的公共空间环境设计

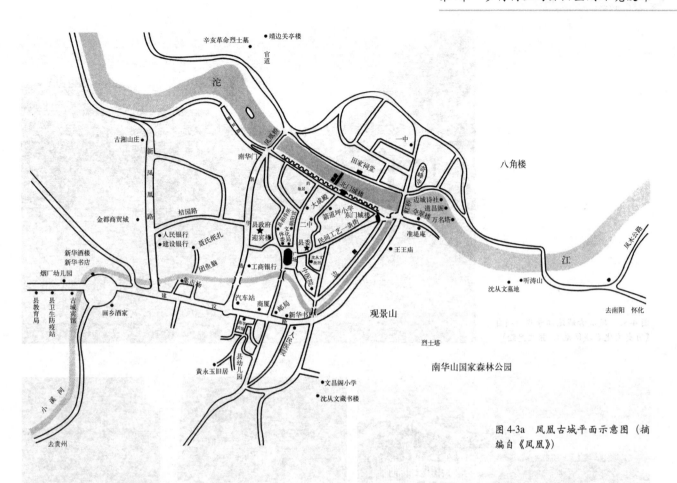

图4-3a 凤凰古城平面示意图（摘编自《凤凰》）

图4-3b 凤凰古城局部景观（摘自《历史文化名城凤凰》，张文忠绘）

图4-3c 凤凰古城沱江景观（摘自《历史文化名城凤凰》，张文忠绘）

图4-3d 凤凰古城水上景观（摘自《典藏中国名胜》，张文忠绘）

图4-3e 凤凰古城石板步行街景观（摘自《历史文化名城凤凰》，张文忠绘）

图 4-3f 凤凰古城步行街夜景（摘自《历史文化名城凤凰》，张文忠绘）

下面再选择几类现代城市步行街的实例，阐述步行街设计的基本原则，将有利于读者拓宽视野以及学习和运用。

4.1 现代商业性步行街

近些年来，由于社会的发展、经济的繁荣和人民生活水平的不断提高，相应地给城市公共空间环境带来新的需求。在这种背景下，为了避开繁杂的交通干扰，创造人性化的活动街区，达到更加具有新型生活性的街区空间环境，突出以人为主的设计思路，在大城市的繁华商业区出现步行街的形式，应是必然的趋势，也是当今城市设计领域的崭新内容。城市中心商业性步行街区的设计，应结合具体城市的构成现状、地域文化、风土人情以及天然环境等特点，加以综合性的研究和构思，创造出别具匠心的步行街，以利于城市设计的新发展。

下面列举几个实例，供读者加深对城市中心步行街设计的理解。例如上海市南京路的步行街（图4-4a、b、c、d）是与上海市近些年来的经济发展分不开的。位于长江三角洲入海口南侧的上海，因地处吴淞江支流上海浦而得名，简称为"沪"。战国时此地渔民创造出的捕鱼工具称"扈"，该地区得名为"沪渎"，另外东晋曾于此地筑沪渎垒防御海盗，因而上海又称之为"沪"。

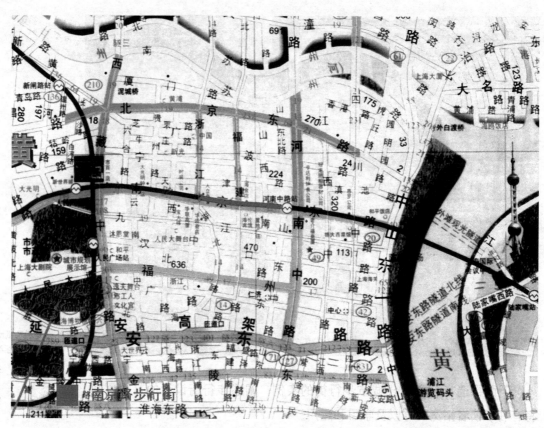

图4-4a 上海南京路步行街平面示意图（参照《上海市地图》改编）

图4-4b 上海南京路步行街雕塑景观（张文忠拍摄并绘制）

图4-4c 上海南京路步行街夜景（张文忠拍摄并绘制）

此外，传说战国时楚公子春申君黄歇封地，获得别名为"申"。如今的上海市因其社会进步、经济发达、文化浓郁而成为中外闻名的大城市，同时又是世界上著名的十大港口城市之一。所以地处上海市商业中心的南京路，出现步行街则显得十分必然。它的出现，既有利于沟通市区与外滩公园的关系，又起到扩大步行区域的作用，更有利于满足人们购物与游览的活动需要，促使整个城市居民生活质量的进一步提高。同样在天津亦有闻名遐迩的金街步行街，从天津市和平路的百货大楼起至滨江道劝业场的商业中心区一带，系商业最繁华的地带。其在辛亥革命之后，就有很多大型建筑和著名的商店纷纷在这个地区安营扎寨。例如1928年开业的"劝业场"，曾号称为"华北地区第一高大商场"，并成为津门商业区的中坚和枢纽，因此在当时获得"北方小巴黎"的美称。当今，为了排除交通的交叉干扰，设置了通畅有效的步行街，既使商业中心进一步繁荣昌盛，又达到了提高人们生活质量的目标，而且还改善和美化了市容、市貌（图4-5a、b、c、d、e、f）。再如西班牙巴塞罗那米格大道步行街(图4-6a、b)，原是巴塞罗那市机动车辆的交通要道，属于该市连通东北和西南方向环线的辅助路线，随着城市不断的发展，交通不畅的状况愈发严重，且公路的噪声日夜骚扰周围的居民，因而引起当地人强烈的义愤和抗议。最终解决的设计方案是：采用地下停车场的方式，将米格大道的机动车道加以覆盖，并在两侧拓宽新型车道，充分利用立体空间的设计理论，有效地运用标高差的构思，同时将该地段修建成中央步行街区，巧妙地将令人烦恼的地带变成了受到人们欢迎的公共场所。正如作者阐述的：新

图4-4d 上海外滩夜色景观（张文忠拍摄并绘制）

公共空间环境设计

图 4-5a 天津金街步行街平面示意图（天津道路交通图，2007）　　图 4-5b 动态生动的雕塑小品（张文忠拍摄图像并绘制）

图 4-5c 情趣横溢的雕塑小品（张文忠拍摄图像并绘制）

第4章 步行街区的公共空间环境设计

图 4-5d 歌颂童真的雕塑小品（张文忠拍摄图像并绘制）

图 4-5e 造型新颖的街区景观图（张文忠拍摄图像并绘制）

图 4-5f 天津金街步行街夜景（张文忠拍摄图像并绘制）

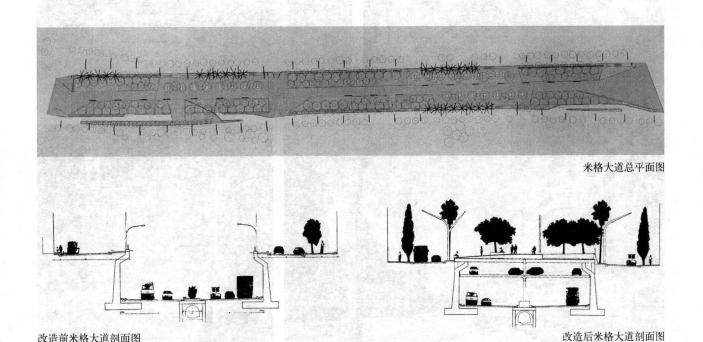

米格大道总平面图

改造前米格大道剖面图　　　　　　　　　　　　　　改造后米格大道剖面图

图 4-6a 西班牙，巴塞罗那米格大道步行街平面图、剖面图
（摘编自《建筑与环境设计》）

83

图 4-6b 巴塞罗那步行街景观（张文忠参照《建筑与环境设计》图像，编绘）

的设计打破了由两边建筑和过去的道路系统形成的连续断面,并解决了许多城市和交通问题。由于剖面上的变化,给行人增添了可以欣赏的街景,并能获取动态效果和丰富多彩的视觉感。高差的变化有缓有急的起伏,街灯错落有致的布置,草坪被分成一段段的,间隔性地种植大树和花坛,构成繁花似锦的人行通道。总之,对环境设计来说,排除城市商业繁华地区交通干扰的同时,更加重视创造出美好的公共活动空间的优美环境,需要巧用设计技巧来体现人们的需求,即我们常说的"以人为本",如此重要的设计原则,不能仅是停留在嘴边说说而已,而是要在实践中作为设计思想指导创作,才是产生优秀设计的基因缘由。

4.2 地域文化性步行街

在现代化的城市中,为了体现其文化品位,常把该地区文化艺术传统的精粹,纳入新城的规划布局之中,借以丰富人民的生活情趣和陶冶人们的情操,并使其升华为城市环境的历史风韵和品位。综观国内外近代大型城市的发展,尤其是不少发达国家,过分强调技术的先进性,却病态地丢掉了旧城斑斓色彩的地域文化,如此思维不仅使新城愈发显得单调乏味,那些呆板的建筑、冷酷的道路、无神的灯杆、贫乏的绿化等更使人们在这样的城市环境中产生"毫无立锥之地"的感受。生活在这样的城市公共空间中,人们逐渐丧失生活文化的情趣,这一点是值得我们重视和吸取教训的。正如英国弗朗西斯·蒂巴尔兹著的《营造亲和城市——城镇公共环境的改善》一书中,首先明确提出了"公共空间领域的衰败"的尖锐问题,并引用奥弗·阿如普在《你想如何生活?》中说的:"我们的技术已经发展到一定的阶段,使我们有能力去创造所需的环境或破坏到无法弥补的程度,而这取决于我们对这种能力的不同运用。这就迫使我们要去控制这种能力。据此,我们首先要决定什么是我们想要达到的。而这远不是那么容易……"[1]

再具体地说,我国的改革开放拉动了社会进步、经济腾飞、文化普及和生活提高,并促进了金融业和工商业的繁荣,因而带动城市建设的飞速发展,特别在我国沿海地区的大城市中,各项近代技术的飞速进步使高速公路、高层建筑、大型桥梁、通信网络等建设越来越完善,新城的建设和旧城的改造日新月异。然而,不可否认,由于在建设中存在很多不尊重现实状况和自然

---

1 [英]弗朗西斯·蒂巴尔兹著. 鲍莉,贺颖译. 营造亲和城市——城镇公共环境的改善. 北京:中国水利水电出版社,2005.

环境的现象，因此酿成了环境严重恶化和衰败的后果，而其所引起的恶劣影响却常被忽视。应当注意的是，在经济条件好的情况下，常会出现仅追求快速发展却忽视质量的问题，即人为的"扬快轻好"的错误倾向。作为城市设计工作人员来说，需要持冷静和科学的设计观念，尤其需要重视和坚持追求创造美好环境的设计目标，才能使城市建设步入健康的轨道。以上这些观点不仅仅是一般性的论述，而是城市改建或新建的宝贵经验及教训的总结，在新的城市设计中尤为重要。

当前，发达国家和一些发展中的国家，业已开始关注环境设计的问题，并把它作为城市设计不可忽视的重点。因此，我国沿海城市在吸收发达国家经验的基础上，密切结合我国的特殊要求，吸取了西方国家在城市建设中忽视地域文化的教训，在把握先进技术的同时，融入地域文化的特色，使城市展现出别具一格的空间环境面貌。下面选择一些实例加以分析。

位于上海市石库门地区的新天地步行街区，原系19世纪中叶的租借地，多种原因促使其成为了具有特殊风貌的民居建筑，它是中西文化相结合的产物，又具有特殊的时代特色，如该地区兴业路的中共一大会址，即为中西合璧的住宅典范，它既显示出上海近代史中某个特殊时期的建筑特色，又显示出地域文化的特征。"新天地"建筑群的出现，使上海的城市设计与环境设计，充满了生机和生活气息，其优秀的历史文化遗迹，在城市改造中起到了不可泯灭的重要作用（图4-7a、b）。又如天津市古文化街（图4-8a、b、c、d、e），位于旧城区东北角，此处堪称市区另一商业繁华的地带，同时也是地域文化名胜古迹颇为丰富的地区。例如紧靠古文化街西南的文庙（图4-9a、b），建于明代正统元年（公元1436年），是天津市遗存下来比较完整的古建筑群。再如，在文化街东部广场上，隔河观赏望海楼教堂的非凡水景，更是给人们留下岁月蹉跎，美景如画的不俗感受。望海楼又称圣母得胜堂，建于清朝同治八年（公元1869年），系天主教会所建。因多次被毁，几经修复而得名，虽然遭遇1976年大地震的损坏，政府已于1983年整修完好，又在1988年纳入中国重点文物保护单位（图4-10a、b）。综上所述，可知天津古文化街应是被著名遗迹环抱的地域文化点，因而它既是天津地区文化圈中的亮点，也是海河观光带中的一颗闪亮的明珠。构成古文化街中心的名胜，有建于700余年前的天后宫（图4-11a、b），她是北方地区闻名的妈祖文化中心，俗称"娘娘宫"，天津建"卫"只有

图4-7a　上海新天地步行街空间环境

图 4-7b 上海新天地步行街景观（张文忠拍摄图像并绘制）

图 4-8a 天津市古文化街中心总平面图

设计单位　天津市建筑设计院
设计主持人　杨令仪
建造地点　天津市东北角
竣工时间　1986-1月

1—宫前广场
2—入口小广场
3—过街楼
4—民俗商店
5—茶楼
6—剧场

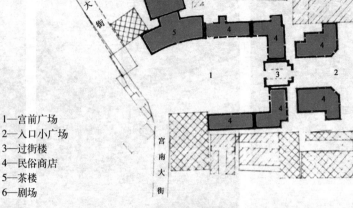

图 4-8b　天津古文化街西入口景观（张文忠拍摄图像并绘制）

图 4-8c　天津古文化街人文景观（张文忠拍摄图像并绘制）

图 4-8d　天津古文化街建筑景观（张文忠拍摄图像并绘制）

图 4-8e　天津古文化街瓷砖壁画景观（张文忠拍摄图像并绘制）

第4章 步行街区的公共空间环境设计

图 4-9a 天津文庙鸟瞰景观（张文忠参照《天津建筑风格》并编绘）

图 4-9b 天津文庙牌楼景观（张文忠参照《天津建筑风格》并编绘）

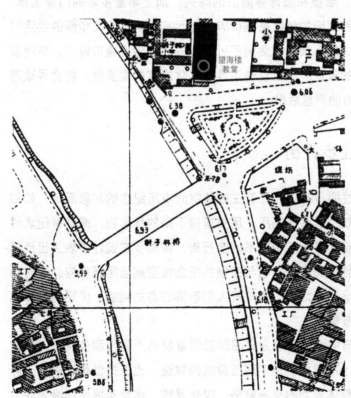

图 4-10a 天津望海楼教堂平面位置图（摘编自《天津建筑风格》）

图 4-10b 天津望海楼室外景观（张文忠参照《天津建筑风格》并编绘）

公共空间环境设计

图 4-11a　天后宫室外景观（张文忠拍摄图像与绘制）

图 4-11b　天后宫室内景观（张文忠拍摄图像与绘制）

600多年，据有关资料说："先有娘娘宫，后有天津卫"，可见天津古文化街文化内涵的深远。在天津古文化街中，所销售的皆是具有北方民俗文化特征的物品，如传统工艺的年画、木雕、风筝、宫灯、空竹与瓷器，另外还有古风或现代派的国画、雕塑和服饰等商品的陈列，加上丰富多彩的门面装饰，以及迎风飘荡和色彩缤纷的传统垂挂标志，如此美好丰盛而又华丽的生活气氛，是某些单调乏味的现代派商业街不可比拟的。或者说城市设计、环境设计及市中心步行街的设计，一旦忽略了地域文化内容的重要性，将会导致苍白无力或没有生命力的严重后果。

4.3　纪念性步行街

如何表现纪念性的步行街，要看在公共空间中所纪念的对象而定，如知名人士工作过的建筑、居住的场所，历史遗留下来的标志物，或具有纪念性的广场等。与上述纪念性场所相联系的步行街，依然要在设计中表达出严肃端庄、简洁大方的性格特征，以利与完整的纪念性空间场所相呼应，同时也是为了人们到达纪念场所之前，为培育人们敬仰心态的铺垫，使环境设计具有丰富的层次感与节奏感。

例如华盛顿首府中心区的规划意图即强调首府的严肃性和公共空间的艺术性，所以在布局上不仅控制住了高层建筑的建造，也保持低缓辽阔的天际线。继而控制住了整体规划的交通网络、绿化系统、水景布局及环境景观的整体性与和谐性。如图 4-12a、b、c、d 所示为号称"美国精神基石"的国会大厦,乃是首府中心的标志性建筑,它突出地成为带有象征性的建筑,有效地传递着国家精神与形象。华盛顿首府是坐西朝东的城市,整体布局系按照首任总统华盛顿的建都理念,由法国出生的皮埃尔·夏尔建筑师规划设计的。其设计的中心思想是:将国会大厦和总统官邸白宫两座建筑作为首都的构图中心,但在布置时却使两者相隔一定的距离,以表明立法和行政的区分,因此将国会大厦布置在市区最高的琴金斯山顶处,借以构成首都的中心和焦点,而白宫(图4-13)则与国会同在一个轴线上,使两者相映成趣。其中国会大厦的位置极为显要,所构成的视野异常广阔,无论从哪个角度观赏,其穹顶的天际轮廓线堪称蔚为壮观,它能很好地控制住构图中心。因而产生各色绚丽多彩的艺术景观,傍晚临水也好、早霞映天也好、晴空万里也好,无论是远观抑或是近取,都能看到优美的画面。如果说建筑特性的发挥必须依靠优美环境来烘托的话,那么优美的环境空间也离不开建筑的衬托,只能两者相互配合与协调,方能升华出令人动心的城市公共空间艺术效果。而华盛顿纪念碑(图4-14a、b)的设计,依照优美环境的突出特色和朴实无华的创作构思,体现出人们对开国领袖的崇敬与爱戴,所选择的埃及方尖碑简洁大方的形式,高度为170米,大理石建造的碑身光洁平整,环绕碑基周围设置了50面美国国旗,代表着50个州。重要的是以不着一字的脱俗意境,更加引人瞩目。而居于华盛顿中心区中轴线上的林肯纪念堂(图4-15a、b),坐落于园区的摩尔草坪西侧的波托马克公园,中轴线面对修长的水池及两侧的林荫步行路,构成优美完整的环境景观,起到"序幕"的作用,且能从幽静的水面中,观

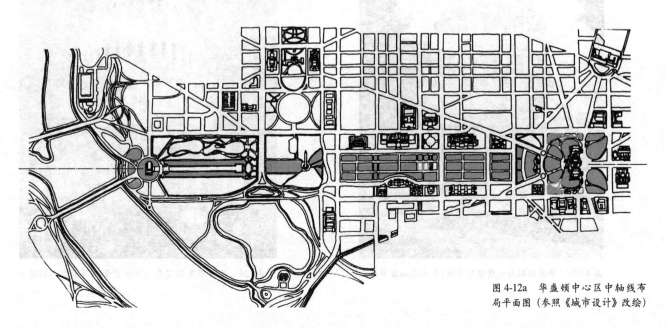

图4-12a 华盛顿中心区中轴线布局平面图(参照《城市设计》改绘)

公共空间环境设计

图 4-12b　美国，华盛顿国会大厦环境景观（参照 Washington 图像，张文忠编绘）

图 4-12c　华盛顿国会大厦建筑外貌（张文忠拍摄并编绘）　　图 4-12d　美国华盛顿国会大厦夜景景观（张文忠拍摄并编绘）

第4章　步行街区的公共空间环境设计

图 4-13　华盛顿白宫室外景观（摘自 *Washington*，张文忠编绘）

图 4-14a　华盛顿纪念碑环境远景景观（张文忠编绘）

图 4-14b　华盛顿纪念碑环境近景景观（张文忠编绘）

公共空间环境设计

图 4-15a　林肯纪念堂环境景观（张文忠编绘）

图 4-15b　林肯纪念堂整体造型景观（张文忠编绘）

摩到纪念堂生动变幻的倒影奇观，不免产生震撼、惊奇与陶醉的感受。当人们漫游在两侧步行路上，所看到的林肯纪念堂与公共空间环境景观，具有平和协调、层次分明、绿树成荫、春意盎然、起伏有序和水天一色的总体效果，并呈现出辽阔壮观的辉煌气氛和动人心弦的艺术意境，无不感人至深而难以忘怀。这就是说，自然美与人工美有机结合所产生的环境景观是体现人与环境共生的深刻理念，也是"天人合一"的创作思想根植于环境设计之中的必然结果。这一点应是公共空间艺术设计创作的基本原则，深刻地说明了环境艺术设计的魅力，即具有激发人们情感的作用，似"长卷"的构思境界，使人群进入优美的艺术境界之中，继而可以观赏到境界的高潮，享受环境艺术高潮美的魅力，从而可以达到美化人们精神生活的目的，这就是在人们生活中环境艺术语言的灵魂，因而它不同于绘画、雕塑、戏剧等艺术形式。另外，位于国会大厦一侧的国家美术馆东馆（图 4-16a、b、c、d、e）由建筑大师贝聿铭设计，整个设计构思突出了典雅大方的特色，其周围的空间布置了大量的草坪，很少栽植大树，多以低矮的灌木丛为陪衬背景，以利突出建筑形象的完整性，达到与环境空间的有机联系，使整体环境上升到更高的境界和具有高尚的品位；同时在整个环境中，绿化种植成为美化环境的载体，满足了视觉艺术的审美需要。这种从大处着眼的设计理念，既是贝聿铭建筑师事务所一贯遵循的设计原则，也是当前环境设计创作至关重要的构思基础。

位于南京西郊钟山的中山陵（图 4-17a、b、c、d）是依据 1925 年获得陵墓设计方案竞赛一等奖的吕彦直所设计的作品而建造的。所处的地区堪称山峦起伏、风光秀丽、古迹丰富、人杰地灵，环境异常优美。整体布局结合环境特色，采用了中国古典形式的建筑造型，以利表达陵墓的庄重性，另外

第4章 步行街区的公共空间环境设计

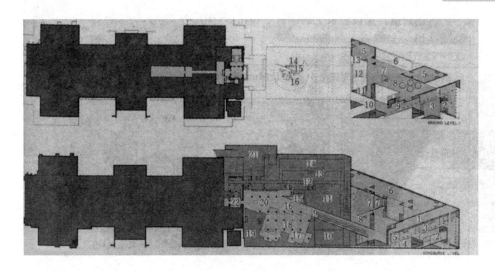

图 4-16a 华盛顿国家美术馆东馆平面图（摘自《贝聿铭》）

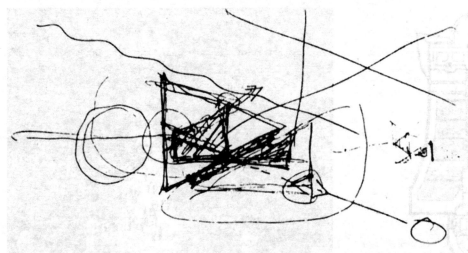

图 4-16b 华盛顿国家美术馆东馆构思手稿（摘自《贝聿铭》）

图 4-16c 华盛顿国家美术馆东馆鸟瞰景观（参照 East Building National Gallery of Art，张文忠编绘）

95

图 4-16d 华盛顿国家美术馆室外景观（张文忠编绘）

图 4-16e 华盛顿国家美术馆入口景观（张文忠编绘）

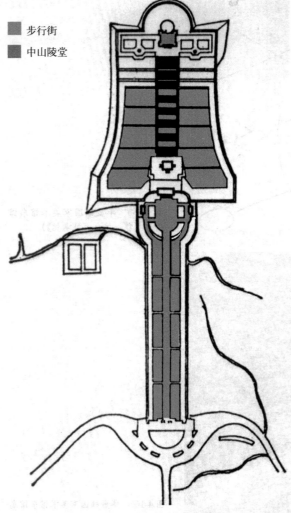

图 4-17a 南京中山陵总平面示意图（摘编自《20世纪东方建筑名作》）

图 4-17b 南京中山陵步行街景观（摘编自《20世纪东方建筑名作》，张文忠编绘）

图 4-17c 中山陵阶梯式步行参拜道（摘编自《20世纪东方建筑名作》，张文忠编绘）

图 4-17d 中山陵建筑外观（摘编自《20世纪东方建筑名作》，张文忠绘）

沿袭山坡的起伏，建造了层层叠叠而又漫长的参拜步行街，以显示其壮观与宏伟。随着观望心态的波动以及为了加强环境设计的节奏感，在步行街蜿蜒的行进过程中布置了陵园门、牌楼坊、碑祭亭、祭祀堂和陵墓厅，应该说这是赋予环境空间韵律感的建筑语言，尤其用于纪念性的环境中，更能烘托出位于至高点陵堂的崇高性。正如优秀戏剧的构成一样，全剧具有序幕前奏、中间段落和最后高潮，方能使戏剧跌宕起伏、生动有力，其他如音乐、文学等艺术形式皆有共同之处，当然作为建筑环境艺术也不例外。

从以上实例的论述可以看出，纪念性步行街的设计与其他性质的步行街相比存在着不少的区别，主要的差异乃是在"纪念性"中，它需要在设计构思上酝酿出能体现纪念性的建筑环境语言和体系，并把设计构思分成几个序列，构成整体完整的的章法，处理好统一与变化的辩证关系，力求达到完美的境界。犹如交响乐的创作，为了调度听觉引起人们的情感，则需要感人肺腑的音乐旋律，例如将乐音节奏的快与慢、高与低、大与小、畅与钝、滑与涩等艺术技巧融于音乐的旋律之中，并按照序幕、章节、尾声等构架进行安排，使人们将情感陶醉于美妙音乐的旋律里。同样的道理，环境艺术中步行街设计的构思，也具有音乐创作中的某些逻辑性，只不过音乐旋律的艺术形象是抽象性的，而环境艺术形象的创作更多的是具象性的，两者虽然有一定差异性，但是构思原则还是基本一致的。为了让读者尤其是学生加深对步行街区的理解，再选择一些值得学习的实例编入本书之中，以利读者思考与研读。例如澳大利亚悉尼市秀丽动人的步行街区情人港（图4-18）、海德公园（图4-19）、圣玛丽亚教堂（图4-20）与堪培拉国会大厦旁端庄大方而又活泼开朗的步行街区（图4-21），布里斯本的黄金海岸（图4-22）、音符公园

图 4-18 悉尼情人港街景（张文忠编绘）

图 4-19 悉尼海德公园景观（张文忠编绘）

（图 4-23）、华纳电影城（图 4-24）、市政厅步行场所（图 4-25）等；新西兰罗托鲁瓦市轻松优美的步行街区（图 4-26）、市政公园步行街区（图 4-27）、热气谷景观步行场所（图 4-28）等；又如美国芝加哥市明快生动的步行街区（图 4-29），明尼阿波利斯市中心引人入胜而又条理分明的步行街区（图 4-30）以及市中心的步行街区（图 4-31）等。中国沿海城市的步行街区景观，如天津开发区挺拔有力的步行空间（图 4-32）、天津市区体育中心明朗诱人的步行空间和南开区标志性的群雕场所（图 4-33、图 4-34），上海静安寺步行街区轻巧宜人的环境景观（图 4-35），具有浓郁民俗风味的别具匠心的北京西单市场步行街区景观（图 4-36）。此外，再选择一些日本城市步行街的实例，如东京政府旁的步行街区的环境景观（图 4-37）、东京城里具有现代风情的

第4章 步行街区的公共空间环境设计

图 4-20a 悉尼圣玛丽亚教堂景观（张文忠绘）

图 4-20b 悉尼圣玛丽亚教堂一侧景观

图 4-21 澳大利亚，堪培拉国会大厦室外环境景观（张文忠绘）

图 4-22　澳大利亚，布里斯本黄金海岸景观（张文忠编绘）　　图 4-23　澳大利亚，布里斯本音符公园景观（张文忠编绘）

第4章 步行街区的公共空间环境设计

图 4-24 澳大利亚，布里斯本华纳电影城景观（张文忠编绘）

图 4-25 澳大利亚，布里斯本市政厅步行场所局部景观雕塑（张文忠编绘）

101

图 4-26 新西兰,罗托鲁瓦步行街区(张文忠编绘)

图 4-27 新西兰,罗托鲁瓦市政公园步行街区(张文忠编绘)

图 4-28 新西兰,罗托鲁瓦热气谷景观(张文忠编绘)

图 4-29 美国,芝加哥步行街区景观(张文忠编绘)

图 4-30 美国,明尼阿波利斯市步行街区景观(张文忠编绘)

图 4-31 美国,明尼阿波利斯市中心步行街区景观(张文忠编绘)

图 4-32 天津开发区步行街区景观(张文忠编绘)

图 4-33 天津体育中心步行街区景观(张文忠编绘)

第4章 步行街区的公共空间环境设计

图 4-34 天津南开区步行街区景观(张文忠编绘)　图 4-35 上海静安寺步行街区环境景观（张文忠编绘）

图 4-36 北京西单步行街区景观（张文忠编绘）　　图 4-37 日本东京政府区步行街区景观（张文忠编绘）

图4-38 日本，东京现代步行街区景观（张文忠编绘）

图4-39 日本，东京皇宫入口步行街区景观（张文忠编绘）

步行环境景观（图4-38）、东京皇宫入口街区的步行环境景观（图4-39）、奈良市小街步行空间环境景观（图4-40）等，以及我国武夷山仿宋步行街的环境景观（图4-41）。

在步行街区设计创作中，如何使设计方案具有浓郁的趣味性，是至关重要的。我们不能接受枯燥乏味而又毫无情趣的步行街，即使功能合理、技术先进、合乎规范，但缺少人性和缺乏生活气息的设计是不会令人感到愉悦的。随着当代设计的飞速发展，已涌现出不少优秀的步行街区设计作品，例如美国明尼阿波利斯（Minneapolis）城市中心的音乐厅和公共空间一侧的步行街区环境景观设计，是由哈帝（Hardy）、霍尔兹曼（Holzman）、格林（Green）和阿伯拉哈姆森（Abrhamson）所共同设计的，他们运用娴熟自如的设计技巧，创作出水景步行园区生动活泼、优美宜人的空间环境。作者曾小居明尼阿波利斯城，对该区空间环境景观有幸得以了解，现特分析如下。

（1）在音乐厅一侧的步行环境中，建筑造型简洁大方、朴实无华，起着优化环境背景的作用，尤其精彩的是室外下沉式庭园环境，呈现出水波荡漾、瀑布淋漓、迷雾曲径等宜人的佳境，再加上石墩散落于绿茵之中，构成高低错落、迂回有致的效果。整体环境景色犹如一颗晶莹的宝石镶嵌在号称"小巴黎"的明尼阿波利斯市中心（图4-42a），这样的步行街区的构思意境，不仅本身美，同时也会增添城市深层次的造型美和文化艺术的内涵美。而这些

图4-40　日本，奈良小步行街景观（张文忠编绘）

公共空间环境设计

图 4-41　武夷山仿宋步行街景观（张文忠编绘）

无形的内涵，常被设计师所忽视而导致设计的肤浅，客观上常会酿成粗制滥造的趋势，引起不是美化环境而是丑化环境的后果。

（2）当漫游音乐厅步行庭园时，听其声、观其景异常感人，其美妙之处犹如白居易"琵琶行"中的佳句："大弦嘈嘈如急雨，小弦切切如私语。嘈嘈切切错杂弹，大珠小珠落玉盘。"说明了好的环境艺术设计乃是景由情生，反过来景又生情而感化人（图 4-42b）。我国造园的精髓乃是形神兼备，并更加强调神韵的传递，若所创造的环境有形而无神的话，尽管采用多少华贵的材料装扮也是无济于事的，反之若环境设计只有神而没有合适造型美的话，也同样不能体现作品的设计意境，正如国画所讲究的"以形写神"达到传神的目的，只有这样才能使创作感动人和吸引人。

（3）身处音乐厅下沉式水景庭园，可以使人顿感远离闹市的幽静之美，多层次、多角度及多形态的水流造型，构成了多幅优美动人的画面：有的水漫流平缓如镜；有的水流跌落湍急似狂奔的野马；也有的水如晶莹的水幕令人感到无限的神秘，好似带着面纱的青春少女，显示出"犹抱琵琶半遮面"的姿态，这是多么含蓄又是多么美的境界。整个水景体系涌现出静中有动，动中有静的起伏多变的构图布局，可谓景色宜人、渗入人心（图 4-42c）。

（4）"曲径通幽"是中国古典园林常用的手法，不少明清园林因沿用此法而获得的成功而被世人所垂青。因"曲"而获

"幽",是东方创作意境的表现技巧,也是能否感人的关键所在。如图4-42d所示,设计者运用了平缓的踏步、曲折的小路以及几处石墩穿插于绿荫丛中,并以水景作为幽深环境的背景,使人感到异常的愉悦和惬意,这也是"虽由人作,宛自天开"的中国园林创作神韵在西方的体现,这种深入人心继而引人入胜的意境美,既能震撼人们的心弦,又能给人们增添无穷的欣赏意趣和美的感受。

(5) 音乐厅入口处的艺术处理不仅别具特色而且性格突出,同时还能显现其文化底蕴的标志性,为将人流引入庭园环境起到良好的铺垫作用(图4-42e)。极富自然韵味的围墙和灌木丛、驼色地面砖的甬道以及入口中心的钢管雕塑小品等,构成了一组极为丰富多彩、典雅大方和简洁亲切的空间环境。此外,从入口处还可远观到IDS大厦朦胧的身影和穿插其间的其他建筑轮廓线,这些都使入口环境的景观更加丰满并增添空间观赏的层次性和导向性。上述这些构图手法的娴熟运用取得了极为优异的景观效果,堪称是现代步行街区的成功作品。

另外,美国底特律市音乐厅的步行街区还布置了一座引人注目的标志性小品(图4-43),它由四片镂空的板状造型叠合而成的透空图案,其构思异常精巧,利用光的明暗变幻,显现出立体乐谱中高音部的符号,整体造型异常生动欢快。且整个形体的构成,运用了曲与直、空与实、明与暗等形式美的构图技巧,使镂空出来的音乐符号清晰典雅,极富雕塑感的视觉艺术效果,充分反映出简洁而又丰富的艺术韵味和层次感。此作品在设计创作中,综合运用加减法的创作经验,

图4-42a 音乐厅步行街下沉的庭园景观(张文忠编绘)

图4-42b 音乐厅水景庭园的近观效果(张文忠编绘)

图 4-42c　不同造型的庭园水景（张文忠编绘）

图 4-42d　具有中式韵味的庭园景观（张文忠编绘）（左下）

图 4-42e　音乐厅入口处的景观处理（张文忠编绘）（右下）

图 4-43 底特律市音乐厅广场标志景观（张文忠绘）

是值得我们借鉴和学习的。尤其对于有些偏爱加法的设计者来说，常把作品堆砌得臃肿繁杂而不堪入目，即使勉强建成，只能起到丑化环境的作用，应引以为戒。

总之，世界如此之大，各国城市又如此繁多，加之地域文化的千差万别，各国人民生活方式与习俗各异，造成步行街区的优秀作品实例之多，犹如汪洋大海而举不胜举。因而在本书编写过程中，难免存在着挂一漏万之弊，只能尽力选择一些具有代表性的实例，融于章节论述之中，供读者学习与参考，力求达到举一反三的目的。

第5章
居住中心的公共空间环境设计

第5章 居住中心的公共空间环境设计

5.1 概述

虽然人们一直在追求安定而又美好的生活,但是从原始社会到现在,在"住"的环境问题上却始终遭受天然的或人为的各种困扰。从人类发展的历程上看,在"住"的问题上,旧的问题解决了,又会产生新的问题,可以说在新旧问题的反复交替中,表明了人类社会的发展不会是一帆风顺的,或者说这就是人类社会发展规律的必然性。纵观史今,从人类社会的物质与精神两方面看,人类社会的生存条件已经发展到相当可观的地步,同时随着现代社会技术不断进步、观念日益更新,人们已具备良好的条件进行思考更高水平的居住环境问题。但往往受到客观或主观上的制约,常不能取得理想的效果,只能等待社会技术与人文条件的进一步成熟,尤其是人的观念达到更高的境界时,方能逐步地满足高层次的需求。回望我国20世纪50年代居住区的设计与建设,可以说是处于缺乏设计经验的时期,彼时在住宅区总体布局上不是采用早期西方国家的"行列式"布局,就是引用原苏联的"围合式"布局,居住环境呈现出极为单调乏味的状况。加之缺乏环境设计的知识和概念,更谈不上公共活动空间环境的内容与内涵,有关环境艺术美的问题更是空中楼阁,只是望风扑影而已。随着时代的发展和认识的提高,设计工作者按照居住区的发展需要,才逐渐步入全面思考居住中心的环境设计问题,也才有可能创造出符合客观条件的环境空间。人类社会发展到现在的水平,对于居住环境来说,不仅仅是单纯为了遮蔽风雨、防犯侵袭的原始要求,而是需要最大限度地满足现代人对生活质量要求,以满足人们更高境界的精神需求。为此要求当代的设计师,要有与时俱进的奋进精神,平衡人们的物质与精神两方面的要求,才有可能驾驭居住中心的空间环境设计,与此同时还需要在环境设计创作过程中,深入研究与思考关于继承和发展的问题,否则将会影响环境设计理论与设计建造实践的正确方向。

在论述城市公共空间环境设计的构成要素之前,首先需要弄清问题的内涵与深度以及寻找到合适的分析方法,这样才能较好地研究和探索环境设计所包含的内容和所触及的问题。从广义上看"环境",可以大到地域、海洋、山峦，小至地区、国家、城市、街区等；而从狭义上看"环境"，应从城市、街区、道路、广场等范畴着眼。不论从广义还是从狭义上看环境问题，都要从人的行为心理出发，并以此作为分析问题的核心，才有可能触及环境设计的本质。当今，在环境艺术与环境设计的问题上，概括起来有如下几个思路：有的学者深入到心理学、行为学、符号学及视觉心理学等学科，进行研究与探索"城市公共空间环境设计"的问题，意在解决不同环境所引起的人的心理反应和变化，并强调环境问题，其实归根到底是解决人的生存空间问题，力求在环境中充分体现人的生活需要；也有的学者从物态性能方面进行研究，例如生物环境中的水源、土壤、温度、湿度、光照、气压、气候以及与人类共存的动物、植物和江河湖海的资源等，目的在于求索生态环境与人的生存关系而显示出来的各种观点和论说；还有些专家学者、规划师、建筑师、室内建筑师等认为城市公共空间的环境应包含自然环境、人工环境、地域文化环境等，在环境设计中充分利用自然环境的积极因素，结合设计意图改造或摒弃其消极因素，创造出高科技、高感情、高品位的现代生活环境。此外，并认为环境设计具有综合性、复杂性、多意性等特点，因此在思考问题的过程中，不能机械地、孤立地和人为地把环境设计局限于某种固定的想法模式之中，以利防止肤浅的、僵化的和孤立的设计思维。所以，只有综合地考虑各方面的环境因素，才能树立综合分析的能力，这一点对公共空间环境设计极为重要，同时也是丰富创作思想必要的基础。城市公共空间的居住中心也不例外，需要运用全面考虑问题的设计观念，对所有的环境艺术设计的构成要素进行综合的分析研究，如水景形态、绿化造型、景观小品、壁画雕塑、园林建筑、各色标志、灯光效果以及与建筑空间构成的艺术空间造型等。在考虑上述要素时，应服从城市公共空间环境总体布局设计的构思加以组合，并能运用高超的设计方法和娴熟的构图技巧，联系公共空间环境场所的实际条件，或许才有可能创作出合格的作品。

　　面对城市规划的发展、公共空间的建设、街区组团的更新，迫切需要以崭新的观念建立新型的城市架构。同时，伴随人们环境意识的不断增长，更需要强调人与公共空间环境的关系等项问题。固然在城市建设中，建筑、道路、广场、绿化等是普遍认同的重要内容，然而如何在满足人们物质需要的基础上，还能满足人们精神上对空间艺术的要求，这个问题已提到日程且迫在眉睫。如果说形成城市空间环境架构是由建筑空间与体型、道路系统与网络、广场比例与尺度、绿化形态与布局、灯光环境与效果等主体因素形成的综合氛围，那么建筑小品和雕塑形态以及其他的艺术形式，诸如符合环境艺术设计要求的喷水、流水、淌水等水景造型（图5-1），壁画、线刻、浮雕、圆雕等雕塑造型，别有风味与意趣奥妙的装饰小品，千变万化与丰富多彩的灯光环境的艺术形象等，应是有机联系的配合元素，其与主体因素构成相互依存的整体。比如建筑小品与雕塑形态，比较容易与人的行为心理相沟通，继而能与人的情感相交流，因此常以亲切的尺度和丰富的建筑语言协调环境，并能够与整体环境升华到水乳交融的境界，而这些好似亲切抒情的传递信码，慰藉了人们对美好环境的渴望，因此它远比超大尺度的立交桥、电视塔及摩天楼等庞然大物令人感到更加亲切。

　　值得关注的是居住中心具有强烈的公共性，这源于"住"是人类生存的根本，当然人的住居周围环境也十分重要。从人的行为心理角度上看，由室外到室内或由室内到室外的活动，两者是水乳交融的关系，即室内设计与外部的环境设计是有机联系的关系，也可以说居住中心的环境好坏将直接影响到单体居住建筑的好坏。明白这个道理，就可深入理解建筑的单体设计，应充分考虑所在环境的特点，并应密切结合和扎根于环境之中，方能创造出全方位的、多层面的、综合性强的优秀设计。当然，作为住宅群围合公共空间环境的手段可以有如下几个方式，如：开放与封闭、渗透与迂回、挺拔与低缓、平缓与错落等。另外，由于居住地段所处的自然环境、人文环境、宗教传统、风俗习惯等差异，还须探询居住中心空间环境设计特殊性的问题。

图5-1　居住中心区水景环境设计
（张文忠作）

5.2 居住中心的含义

我国改革开放以来,经济建设的腾飞、人们观念的更新、城市住宅的发展是有目共睹的。在这样波澜壮阔的背景下,人们不仅需要优质的单体住所以满足每个家庭的需求,还需要在居住区内设置公共中心进一步满足住户邻里之间的交往、娱乐、谈心以及老人与儿童的活动等,甚至有的居住区中心还设置了文娱活动场所,供居民进行各项文娱、体育活动,丰富和提高居民生活的质量。因此居住区的公共中心场所的内容与性质,不同于住宅的私有庭院,也不同于大型公寓楼前的交通广场,更不同于别墅区的庭园。因此,在居住中心的设计中,需要考虑如下几个基本条件:

5.2.1 地段环境

在设计前首先需要考虑地段周围环境的基本状况,如:自然景观面貌、人文景观质量、楼群天际轮廓、建筑体型色彩、现有绿化基础、居民组成结构、中心服务半径以及地段地下土质情况等条件,把这些基本条件考查清楚,方能进行居住中心的设计工作。其次要进一步考虑所在地的特色,比如查看地段中有无较大的标高差,如果具有较大标高差别的话,除去设置人性化的坡道便于人们行走方便之外,还能利用起伏变化的特点,创造具有特色的环境景观。另外,在地段中有无遗留下来的标志性或纪念性的遗迹,如高塔、路标、石碑、水塘、山丘等,如果有的话,应在设计布局中加以充分利用,借以丰富居住中心的文化内涵和环境意趣。例如著名画家吴冠中先生的绘画作品生动地刻画出沿山住居和水乡人家的优美景象,既动人心弦又能表达出建在山区或水畔居住群的优美境界(图5-2a、b),那么作为建筑师或规划师,为什么不能在构思中创作出如诗如画的设计作品呢!

图5-2a 长江山城(吴冠中作)

图 5-2b 江南人家(吴冠中作)

图 5-3 巴黎,塞纳河畔亚历山大三世桥(张文忠绘)

5.2.2 文化环境

我国是一个历史悠久、文化丰厚的文明古国,数千年的人文遗迹散落在各个地区,几经考古学家的发掘,散发出灿烂多彩,震动人心的魅力。但是还应关注大量尚未发掘出来的宝藏依然隐匿于地下,因而在开发建设居住区时,迫切需要弄清地段宝藏的情况,切忌大挖大铲的野蛮施工,避免再次产生令人痛心而难以挽回的损失。此外,还必须注意该地段有无遗留的且值得保存的古代遗迹、碑亭和近代名人的祠堂之类的遗产,若有的话应在设计中认真研究且充分地渗透在设计构思之中,以利反映环境空间的文化内涵。例如法国巴黎塞纳河畔的著名景观,亚历山大三世桥的水上腾飞美,其所达到的艺术境界之高,令人难以忘怀(图5-3)。

5.2.3 自然环境

我国幅员辽阔,自然环境异常丰富,既有西北地区大山大川的雄险粗犷,也有江南林荫湖泊的蜿蜒秀丽,还有海南蓝天碧海的汹涌澎湃,更有东北漫天白雪的山林起伏,尚有内蒙辽阔草原蔓延起伏的金色沙丘等优美风光,如此多样而又迷人的大自然景色美,无疑当属世界奇观之列。同时也说明了,对于环境艺术设计来说,它既含有多种选择的余地,也含有不易选好的难题,这就要看设计工作者的设计水平了。例如我国岭南阳朔月牙山的民居景观即显示出山峦深处的幽静美,使山居建筑融于群山树丛之中,显示出两者相互依存而构成的非凡的自然景观。其山清水秀的风光,设想能够作为居住区远眺背景的话,则会产生出神入化的和妙不可言的优美景色,犹如一幅抒情的画卷,给人留下难以忘怀的诗情画意(图5-4),这说明了居住中心的环境设计密切联系地区自然环境景观的重要性。

图5-4 阳朔月牙山景观(张文忠绘)

5.2.4 人造环境

在进行环境设计过程中，除去巧妙地利用天然景观环境之外，还需结合构思方案的要求，增加人工的环境设计，方能完好地将整体环境设计到位，否则将会流于过分强调自然景观，导致忽略环境设计体系的完整性，造成主次不分的局面，或者可以称之为流于"自然主义"的弊端。所以，作为环境艺术设计师，应持辩证的创作观念，善于将天然环境与人造环境有机地结合成为视觉艺术的完美整体，使居住性的公共空间产生无限魅力。此外，尚需配备各项服务设施，使男女老少居民的活动各得其所。因为在比较完善的环境中，居民可以锻炼身体、文娱休憩、休闲漫步，同时居民之间还可以沟通和交流以及为老弱病残设置完备的活动场所等，上述这些场所除去避开交通干扰外，还需配置优美的园艺景观，以满足人们心态的舒畅，尤其要关注地域文化性的人造景观，想方设法使居住公共活动场所显示出具有特色的文明性，方能在精神上充实居民的生活质量。比如天津某居住区中心入口公共空间处的标志牌，能与周围环境有机地结合，达到既实用又优美的良好效果（图5-5a）。再如图5-5b所示，乃是具有地方文化艺术风韵的空间景观造型，其设计极大地丰富了该居住区中心的内涵，同时也显示了居住中心的生活气息和情趣，并表明环境设计的无穷魅力。

图 5-5a 居住环境标识景观（张文忠绘）

图 5-5b 具有地方文化艺术风韵的居住环境景观雕塑（张文忠绘）

5.3 居住中心环境设计的一般类型

居住中心公共空间的设计类型，主要依据城市的详细规划、地段特点、人文状况、生活习俗、宗教信仰等方面的具体条件来分析研究设计的构思方案。有人在一篇名为"建筑与人"的杂谈中论述到："如果说，衣服是人的建筑，人从生到死都居住在里面，建筑则可以说是城市的衣服，它一点一点地披挂在城市的身上，装点和衬托城市的容颜与风采。"诚然，上述的看法比喻的既俏皮又好懂，但不尽周全，是否可以加深演绎为：优美的环境艺术设计，是城市蕴含的风采。下面例举一些一般常见的类型实例，供读者参考和学习。

5.3.1 居住中心的水系环境设计

在我国南方的地区，经常在居住中心的公共空间中，选择湖水和园林相结合的布局方式，借以显示生动活泼、开朗明快、趣味横生的景观效果。例如海南省三亚市"阳光·棕榈湾"的居住中心（图5-6a、b、c、d、e、f、g）密切与海湾、沙滩自然环境相呼应，恰当地在绿化丛中布置了优美的游泳池，充分体现出亚热带的生活特征，尤其与飘逸的椰林、松软的沙滩、辽阔的碧空相映成趣，极大地表达出海滨景观特色的性格特征。在如此特定环境之中的居住中心选择了轻快的造型、鲜明的色彩、幽深的曲径、葱绿的植物、草顶的廊亭，伴随爽朗的鸟鸣，美的心灵感受油然而生，似一曲轻松愉快的乐章；也似一幅动人心弦的画卷；更似一篇清新典雅的诗篇，达到"绕廊三日"的意境美。再如闻名于世的水乡古镇周庄（图5-7a、b、c、d），位于苏州市东南方，上海淀山湖畔，犹如一颗明珠闪烁在绿茵深处，堪称为"中国第一水乡"。古镇四面环水，其河道呈"井"字状，因而构成了依河建房、沿水筑街、顺街成店、跨河搭桥的小镇风貌。在河道上尚有14座建于元、明、清三代的古桥，北宋元祐元年（1086）始称周庄，著名画家吴冠中先生曾评价"周庄集中国水乡之美"，他的油画作品（图5-8）所刻画的水乡周庄之美确实令人陶醉，再如笔者所绘制的南方水乡绘画作品，同样表达了水乡优美的意境（图5-9）。又如号称"水都"的意大利威尼斯（图5-10a、b、c、d、e）是举世闻名的水都城市，据有关资料记载，该城计有大小河道177条，河道把这个城市分隔成120多个岛屿，岛屿之间拥有400余座各式各样的桥梁相连接。纵横交

图5-6a 阳光·棕榈湾居住区示意图（"阳光·棕榈湾"资料，张文忠绘）

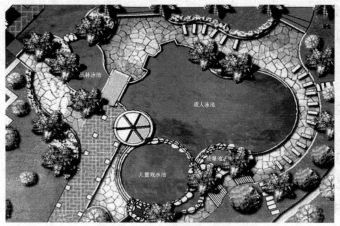
图 5-6b 阳光·棕榈湾居住公共空间平面图（"阳光·棕榈湾"资料）

图 5-6c 阳光·棕榈湾居住公共空间观海景观（张文忠绘）

图 5-6d 阳光·棕榈湾居住公共空间傍晚观海景观（张文忠绘）

图 5-6e 阳光·棕榈湾居住公共空间鸟瞰（张文忠绘）

图 5-6f 阳光·棕榈湾居住公共空间局部景观（张文忠绘）

图 5-6g 阳光·棕榈湾居住公共空间水景景观（张文忠绘）

第5章 居住中心的公共空间环境设计

中国第一水乡之美——周庄

闻名中外的周庄居住环境,突出地表达出中国地域文化特色的水乡居住区,该镇四面环水,其总体布局依水构街,依街筑房,依河建桥,依需建店,构成完美的人居体系。曾得到著名画家吴冠中的评语:"黄山集中国山川之美,周庄集中国水乡之美。"堪称水乡泽园,古意纯朴。

周庄位于江苏省苏州市东南方,北宋元祐元年(1086)始称周庄。元代中期方利用镇北白蚬江航运之便,开展贸易,因此周庄成为粮食、丝绸、陶瓷及手工艺品的集散地,逐渐形成江南巨镇,直至清朝康熙初期才定名为"周庄镇"。

图 5-7a 水乡周庄简介(张文忠绘)

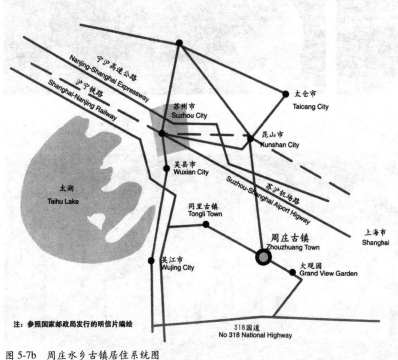

图 5-7b 周庄水乡古镇居住系统图

图 5-7c 周庄水乡古镇总平面图
(参照《城市艺匠》插图改编)

123

图 5-7d 水乡周庄景观（张文忠绘）

图 5-8 水乡周庄油画（吴冠中于 1997 年作）

第5章 居住中心的公共空间环境设计

图 5-9 江南水乡绘画作品（张文忠作）

威尼斯城由于历史原因及不同民族的交叉进驻，故具有异样文化的组成特色，如：拜占庭、歌特等文化形式。

图 5-10a 威尼斯城俯视图（参照《世界文明奇迹（上）》，张文忠编绘）

图 5-10b 威尼斯圣马可大教堂与钟楼(张文忠绘)

图 5-10c 威尼斯利亚德桥(张文忠绘)

图 5-10d 威尼斯叹息桥(张文忠绘)

图 5-10e 威尼斯水景(张文忠绘)

错的河流和频繁交叉的水系既是出入的水路交通,又是居民的公共活动的空间。周庄也好,威尼斯也好,均是将水与居住区的公共空间结合在一起构成了水天一色、精美绝伦的居住环境。因而,这些典型示范的遗迹,是非常重要且值得我们当代设计师继承和苦学的。

虽然,我国北方干燥少水,但仍有不少设计师积极利用和开发各种技法来营造居住空间的水环境,建造成水与园林相结合的居住中心。比如天津华苑新城的居住中心,即采用了循环水的技法和不同形式的喷水体系有效地与周围环境中的绿化体系组合成为节奏分明、层次有序、生动活泼、典雅大方的居住中心环境(图5-11a、b、c)。

图5-11a 天津华苑新城总平面图

图5-11b 天津华苑新城环境景观
(张文忠绘)

图 5-11c　天津华苑新城公共中心景观（张文忠绘）

5.3.2 居住中心的园艺环境设计

有的居住中心处于地势比较平坦的地段，为了丰富公共空间的特色，防止设计平淡乏味，很多设计师常采用园林艺术与建筑小品相结合的设计布局，比如运用造园中的曲径通幽、林荫叠翠、俏丽亭榭、蜿蜒回廊、框景生趣、借景生辉等艺术手法，巧妙地使现代居住中心的公共空间环境变得丰富多彩，借以满足现代人的生活方式和情趣爱好，使其生活内涵达到更高层次的美好境界。例如上海的加州花园别墅小区（图5-12a、b、c），系涉外性的别墅住宅区，总体布局具有西方园艺的特色。虽然地段不大，但做到了树丛生荫、花坛锦绣、曲径幽深、建筑动人，使整体园区不仅具有浓郁的生活气息，而且与别墅建筑配合默契、相得益彰。同时，该居住区在中心区域配以绿化和组织了曲线小路，构成了中西结合的公共活动场所，既小巧玲珑又丰富多彩。又如位于昆明翠湖沿岸居住区的活动场所（图5-13a、b）运用了绿化、小品和雕塑装饰了沿岸的居民活动区，使周围居民享受到公共空间环境美的乐趣。其中"翠堤春晓"雕塑群，穿插于树丛草绿之中，其造型飘逸洒脱、流畅动人，若"飞天"神女来到人

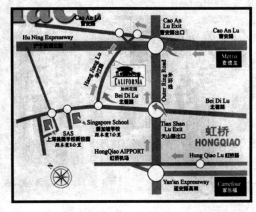

图5-12a 上海加州花园居住区位置图

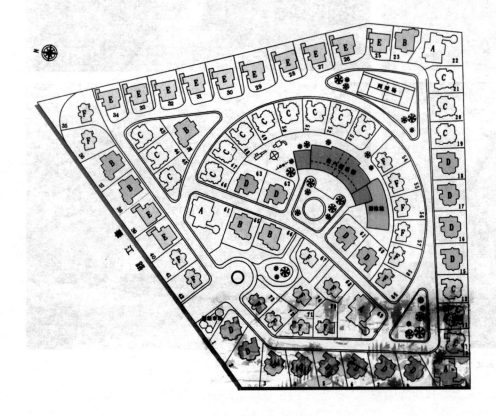

图5-12b 上海加州花园居住区平面布局图

图 5-12c　上海加州花园园艺景观（张文忠绘）

第5章 居住中心的公共空间环境设计

图 5-13a 昆明翠湖居住区景观总平面布置示意图

图 5-13b 翠湖居住区公共空间环境景观雕塑（张文忠绘）

131

间,其潇洒欢快的婀娜倩影恰与绿荫葱翠的岸边、碧波粼粼的湖水、白絮斑斑的行云相呼应,构成一幅优美而又抒情的画卷。在空间环境中涵盖了动与静、曲与直、深与浅、明与暗、高与低等一系列的对比之美,显得居住环境幽雅大方、丰富多彩而生机勃勃。景之美何以动人心弦?乃是设计者感悟到了环境景观设计与地域文化特征相结合的重要性,而将两者有机地寓意于景,并理解人对美所追求的情趣,最终达到情中有景,景中有情的境界,这就是优美的环境美能够感动人、陶冶人的无穷魅力。

5.3.3 居住中心庭园组合的环境设计

该类居住中心的特点多是平坦而又没有特色的地段,只能依靠环境设计师创造性地运用环境设计的思维能力和娴熟的构图技巧,使平整的土地变为生动活泼且有灵气感人的优美环境,创造出引人入胜、富于观赏魅力的公共空间场所。例如位于天津的"阳光100国际新城"(图5-14a、b、c、d、e)就是这种类型的实例。在居住区中心的地带,设置了一条长达620米的湖水,并于入口方向的湖畔中安排了一座巨轮式的会所建筑,它同其他五栋现代建筑及10余幢高层公寓构成高低错落的景观,充分体现了国际性海港现代大城市的居住区面貌。而在湖滨另一侧所布置的波浪形的高层公寓的空间与选

图5-14a 天津阳光100国际新城简介("天津阳光100国际新城"资料)

地处环渤海的港口城市天津,日益显示出经济中心、交通枢纽和国际港口大都市的崭新地位。因而天津市区阳光100国际新城的建造,是在这个大背景之下产生的,为该居住区承担设计的是由澳大利亚DCM建筑设计事务所。其设计风格,无论在总体布局上,还是在建筑单体上,均具有现代风格,充分反映出功能合理、简洁大方、新颖别致、爽朗益人的趣味性。
建筑师为:约翰·丹顿(John Denton)
白瑞·玛歇尔(Barrie Marshall)
比尔·考克(Bill Corker)
设计单位:澳大利亚DCM建筑设计事务所

社区大门和商业街草图

第5章 居住中心的公共空间环境设计

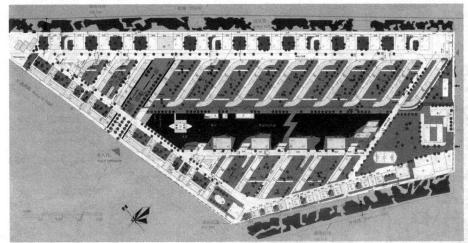

图5-14b 天津阳光100国际新城住宅区总平面图("天津阳光100国际新城"资料)

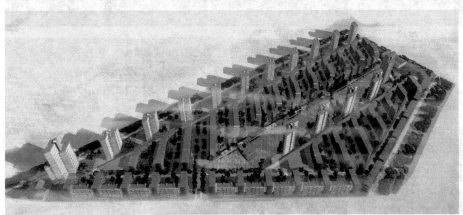

图5-14c 天津阳光100居住区鸟瞰图(张文忠绘)("天津阳光100国际新城"资料)

图5-14d 天津阳光100居住中心入口景观(张文忠绘)

公共空间环境设计

图 5-14e　天津阳光 100 居住中心环境景观（张文忠绘）

型,似像巨轮前进中所激起的浪花,因此可以把"阳光100国际新城"居住区中心的设计创作,概括为具有突破性、诗意性和时代性的设计作品,尤其在创新方面,应引起我们的关注。又如天津"时代奥城"的居住中心(图5-15a、b、c、d、e),在设计与空间布局上颇具新颖别致的创作思维和现代的设计手法,突破了陈旧观念的束缚和诸多的清规戒律,探索了大城市居住中心设计的新途径,使建成的居住小区面貌一新。居住区公共空间的环境设计,以院落空间组合而成,是中国传统民居基本组合形式的发展与更新,其大多以横平竖直的单体住宅围合成比较自然的院落性的公共空间,呈现出既层次有序又幽静典雅的东方艺术神韵。而这种神韵来源于北京四合院住宅的形式,其格局的构架灵魂是以四合院为组合的基本单位,进一步依据具体的地段状况组成四通八达的胡同,显示出既幽深莫测而又祥和平静的街与巷,从而表达了中国北方民居特有的典型性。当代已有不少的住宅区的建设实例,表明了建筑师在不断地探索"如何在现代住宅区的设计中,体现中国特有的风韵问题。"例如中国北京菊儿胡同四合院住宅组团的设计与建造就是一个比较成功的例子(图5-16a、b、c)。其主要设计人为清华大学建筑学院吴良镛教授,该作品于1993年获得"世界人居奖",获奖说明写道:"该工程开创了在北京城中心城市更新的一种新途径,传统的四合院格局得到保留并加以改进,避免了全部拆除旧城内历史性衰败住宅。同样重要的是,这个工程还探索了一种历史城市中住宅建设集资和规划的新途径。"另外,这个项目还以"北京四合院住宅群改造规划"的名称获得了亚洲建协的"1992年建筑设计金牌奖"。值得关注的是,该项目之所以获得如此高的荣誉绝非偶然,而是缘于作者有针对性的创新精神,其中密切联系北京古城的地域文化特色,善于从住宅组团的组合中,进行独出心裁的设计构思是成功的关键。

南开区"时代奥城"的建设无疑给处于正在腾飞的滨海城市天津带来可喜的崭新风貌,使大型港都的天津展现出新颖别致的姿态。排除了那些故步自封的设计思维,积极向发达国家有成就的建筑师学习,并结合我国具体情况进行设计和创作。而难能可贵的是,已展现出像"时代奥城"这样的崭新气息。须知人们不仅需要住在安全、舒适、优美的住宅中,而且更需要时代感强和动人心弦的公共场所,即优美动人的室外环境景观。在"时代奥城"的庭园布局中,比较好地将喷水设施、绿化造型、曲折小径、建筑小品等经营得异常到位,有效地烘托出公共空间环境景观的优美境界。

图5-15a　天津时代奥城居住区简介

图 5-15b 天津时代奥城总体布局图（"时代奥城"资料）

图 5-15c 天津时代奥城入口处环境景观（张文忠绘）

图 5-15d 天津时代奥城沿街环境景观（张文忠绘）

图 5-15e 天津时代奥城庭园公共空间环境景观（张文忠编绘）

第5章 居住中心的公共空间环境设计

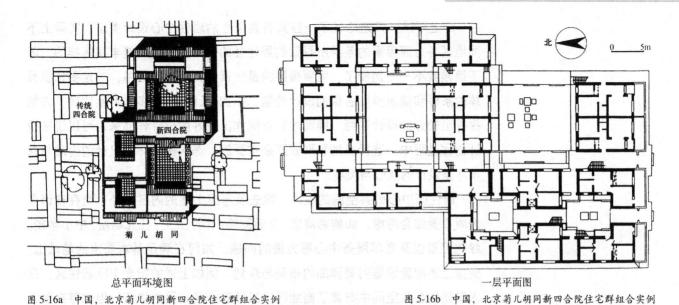

总平面环境图　　　　　　　　　　　　　　　　　　一层平面图

图 5-16a　中国，北京菊儿胡同新四合院住宅群组合实例　　　图 5-16b　中国，北京菊儿胡同新四合院住宅群组合实例

图 5-16c　菊儿胡同新四合院式住宅群庭院景观（张文忠编绘）

137

综上所述，只是论述了一些具有典型性的居住中心设计类型，实际上不同地区各方面因素的差异所导致的居住性的公共空间类型是丰富多样的，限于篇幅就不一一例举了。需要提醒的是，读者在设计实践中，一定要依据具体的条件和情况参照各家的设计经验，拓宽设计思路，多作方案比较，方能探寻出较好的设计途经，继而才有可能作出更好的设计作品来。可以说在设计创作过程中，选择类型和形式不是主要的，深入探索环境设计的内涵与意境才是设计的核心与灵魂。

居住区中心公共空间的设计，除去要考虑上述的内容之外，尚存在诸多矛盾需要综合考虑。如购物商店、交通网络、医疗卫生、托儿场所、中小学校、绿化配置以及老年服务中心等方面的问题，如何在满足基本要求的基础上，安排上述配套设施需要详细的布局与规划。例如上述的阳光100居住区，在入口处的公共空间中布置了商业区，虽然有方便居民的优点，但也存在着人流、车流、物流混杂的缺点（图5-17a、b）。又如华苑新城居住区的商业街（图5-18）被安排在与居住区垂直的地段上，达到了既靠近居住区又隔绝噪声干扰的作用，这应是比较妥当的布局方法。再如天津市的"时代奥城"居住区将商业街并列于居住区的一侧，使两者互不干扰，且两者相距较近，居民仅靠步行即可到达，在使用上极为方便（图5-19）。此外，关于居住区内的交通系统问题，原则上不能将城市交通干道布置于居住区中心，也不能引入居住中心公共空间之内，以利保护人身的安全。更不能随意将城市道路纳

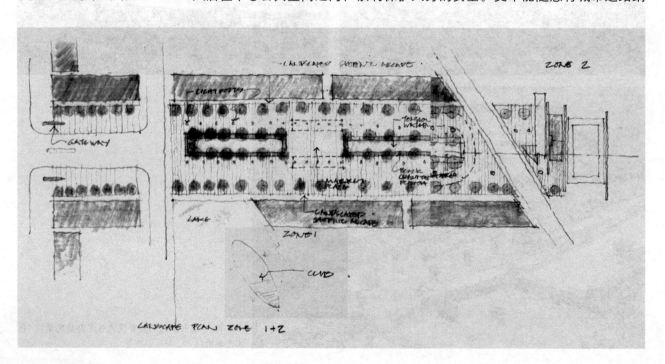

图5-17a 天津阳光100国际新城入口处商业街平面构思图（摘自"时代奥城"资料）

第5章 居住中心的公共空间环境设计

图 5-17b 天津阳光 100 国际新城公共空间商业中心效果图（张文忠编绘）

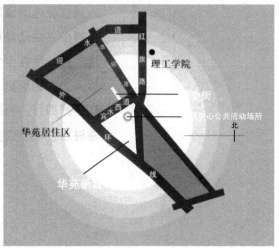

图 5-18 天津华苑新城居住区活动中心总平面分析图（"华苑新城云华里"资料）

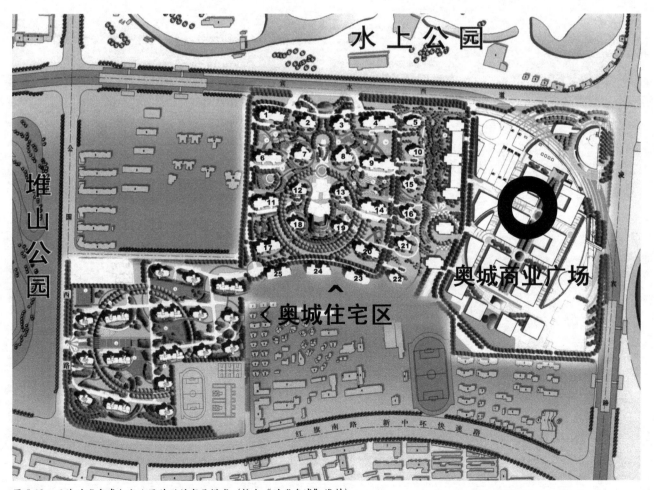

图 5-19 天津时代奥城与商业区并联的布局模式（摘自"时代奥城"资料）

139

入居住区内的道路网,以防止将居住性的公共空间变为交通枢纽,导致居民失掉公共活动场所,这个问题应在城市详细规划中加以解决。其他诸如幼儿园、托儿所甚至包括学龄前儿童教育机构和老人服务机构,在布置时应本着以人为本的原则,防止噪声影响居民区的安静环境,只要注意服务半径的合理距离即可。再次强调,切不可将上述的服务机构未经详细布局设计,勉强塞进居住中心公共空间之中,变相地产生新的"大杂院"杂乱无章的严重后果。

第6章
公共空间环境设计的其他问题

第6章 公共空间环境设计的其他问题

6.1 环境景观设计概述

近些年来我国城市公共空间环境中的景观设计，如建筑小品、城市雕塑以及其他景观作品不乏成功之作，但是也应看到有为数不少的作品，由于设计者缺乏整体空间的环境意识，创作出的作品与所处的场所格格不入，不仅景观造型与内容和环境不相协调，而且在形式美的问题上也出现了失控的状态。这些粗制滥造的所谓"景观作品"被生硬地塞入城市公共空间之中，应该说这不是在美化环境，而是严重地丑化环境。这一恶劣状况除应引起城市管理部门的重视，在加强管理之外，还需要培养出素质高超的环境设计师，方能从根本上解决这个问题。出现上述问题，不完全是源于缺乏责任心而导致的恶果，而是在现有的设计队伍中严重存在着缺乏具有较高品位形式美的素质和掌握专业技能的设计者，很多所谓的设计师经常在不具备创作能力的情况下生硬地作出啼笑皆非的"景观作品"，如在设计中不能把握对比例、尺度、韵律、形态、色彩、质感等设计要素的运用，致使作品严重地与环境不相协调，甚至有损于环境美，客观上起到污染城市公共空间的作用，这不能不引起人们的痛惜与批评，也是令人不能容忍的问题，已经到了下决心解决的时候了。诚然，有的环境场所条件不太理想，例如某些空间处于交通繁忙、人流拥挤、破烂不堪等地区，因环境背景条件差不适于按照常规手段布置环境景观，此时可采用其他的艺术设计技巧，如运用遮挡或人造空间的方法等，尝试用不同的手法解决特殊环境设计的问题。千万不可循规蹈矩地将雕塑、小品、壁画等类型景观硬性摊派到不合时宜的空间；否则，将会出现令人难以忍受的尴尬局面，甚至还会造成浪费大量资金和污染视觉环境的严重后果。诚然城市公共空间环境艺术作品的创作具有极大的难度，在设计时应将所处环境的背景放在创作的首位，因为城市公共空间环境中的景观设计创作，乃是与当今城市设计整体不可分割的一部分，也只有树立了全局观念才有可能使环境设计达到完整性的境界。例如位于杭州街区某座大厦的广场前，轻巧宜人的雕塑小品在晶莹通透的建筑幕墙背景的衬托下显得更加飘逸和感人（图6-1）；再如美国底特律沿街雕塑小品，起到了调节高楼大厦单调乏味而丰富环境街区景观的作用(图6-2)。上述实例很好地体现了在城市设计中，如何用典型性的景观作品与城市布局融为一体，达到相互依存的良好艺术效果。另外，在特定条件下的公共空间环境景观设计，设若是供人逗留的环境场所，如果需要布置小品或雕塑的话，在设计时除按其所在场所的性质显示它的性格特征外，还应考虑其聚焦、导向和显示空间层次等构图美的作用。如果做得好的话，城市公共空间环境不仅丰富多彩，而且还能显示其标志性、鲜明性和独特性的欣赏趣味。例如天津万科居住区中心的标志性景观则巧妙地运用了镂空的钢制雕塑立柱，在构图上起到中心聚焦的作用，同时还使居住中心空间环境高低起伏、错落有致、生动活泼而引人入胜（图6-3）。综上所述，可以看出在环境景观设计中，更重要的是能使城市公共空间体现出统一中求变化或变化中求统一的构图原则，这应是处理环境景观理念的核心。另外，如何在环境艺术设计构思中体现其聚焦、导向和加深公共空间环境艺术的层次作用呢？对于这个要求高、难度大、影响深的设计问题绝非是粗制

图6-1　杭州某大厦前的雕塑景观（张文忠绘）

图6-2　美国底特律街道景观雕塑（张文忠绘）

图6-3 天津万科居住中心区的标志性景观雕塑（张文忠绘）

图6-4 长城雄姿（张文忠绘）

滥造或轻率肤浅的创作态度所能奏效的。深知城市公共空间环境设计的优秀作品皆能比较完美的表达特定空间的环境特性，常构成城市或某些场所的性格特征，使其铭刻于人们的心中屹立长存。诸如人所共知著名的环境艺术景观：中国的万里长城（图6-4）、美国的自由女神像（图6-5）、埃及的金字塔人面狮身像（图6-6）、法国巴黎的埃菲尔铁塔（图6-7）、鼓浪屿海滨郑成功立雕景观（图6-8）等不胜枚举。仅从这些范例可反映出，文化历史的深层涵义的深邃性，与其他的艺术形式相比，颇具异曲同工之妙。它们活灵活现的形象，不仅能反映现在，也能展示未来，更能给予人们以美好的启迪，继而使人们不断地追求更加美好的生存环境。这既是作品的优与劣、美与丑的衡量准绳，同时也是成功作品应具备的品位和内涵，既要经得住时间的考验，也要经得起人们的检验。关于美与丑的哲理，相传早在我国春秋时期的思想家老子就提出过："天下皆知美之为美，恶已……"，其意思是：如果天下人都知道了美之所以为美的话，也就会认清丑的观念。从这个意义上看也说明了城市公共空间环境艺术是一项高难度的创作活动，决不能以主观主义的态度随心所欲和掉以轻心。为此在特定的城市公共空间环境中，欲想把景观艺术作品创作好，无疑需要多方面的专业配合和整体性的综合考虑，如具

第6章 公共空间环境设计的其他问题

图6-5a 自由神望纽约（张文忠绘）

图6-5b 圣洁的自由神（张文忠绘）

图6-6 埃及狮身人面像（张文忠绘）

145

图 6-7　巴黎埃菲尔铁塔景观（张文忠绘）

图 6-8　郑成功立雕景观（张文忠绘）

体的城市规划特色、风景建筑意趣、地域风格形式、地区民俗特点等，需要设计者深入细致地研究，全面而又统一的构思，并以此为设计基础，使作品具备深邃的内涵和突出的性格。因此，不能抛开特定场所的依存条件，孤立地强调作品本身的"栩栩如生"而导致作品鹤立鸡群，造成与公共空间环境特色不相匹配的结果，酿成不伦不类且使环境陷入混乱无章的状况，犹如在和谐的音乐旋律中突然出现的噪声一样令人难以忍受，这一点应引起设计者的深思和重视。

城市公共空间环境的设计正以崭新的面貌向前发展，为此人们对城市公共空间环境景观艺术的要求日新月异，因而那些充斥在城市公共空间的缺乏时代感的"假古董"、"洋古董"定会遭到人们的冷落和唾弃。因为那些脱离当代生活毫无艺术价值的"垃圾作品"只能起到丑化城市环境的作用，其既不能在人民心中引起美的共鸣，更不能促进环境设计的发展，这使得公共空间环境设计的创作道路显得更加任重而道远。如果说悦耳动听的音乐旋律能够激发出人们心灵深处火花的话，那么优美而又动人心弦的环境景观一定会绽放出优美动人的花朵。例如坐落在西安丝绸之路起点的群雕，其生动的景观造型（图6-9）十分令人难忘。所以，在城市街区或广场特定的空间环境中，审慎地设置内容健康、意境深邃、形式优美、个性突出的环境景观，无疑是极为重要的。又如天津开发区某居住区中心的环境景观，其生动活泼而又极具生活气息的环境景观令人流连忘返（图6-10）。当然，作为融于城市公共空间中的景观作品，既是人们生活的需要又是不可缺少的空间组成部分。可

图6-9 西安丝绸之路艺术景观（张文忠绘）

图6-10 天津开发区某居住区的景观（张文忠绘）

以说，城市公共空间的总体环境布局是综合的而不是单一的，是立体的而不是平面的，更是空间与体型有机联系的结晶，应该说这就是规划或建筑美的特殊性。以城市雕塑为例，在特定环境中"……与其说是放置，不如说把雕塑作为都市构成的一部分，合适地纳入更为恰当些。确实，那些雕塑是人为地放置着的东西，但它不是那种随意从别处拿来缩小尺寸放在不甚和谐的环境中的东西，而是已成为这个空间中不能没有的构成要素的物体。在雕塑作为都市空间的构成要素而存在的情况下，如果假设其不存在的话，这空间就会崩溃，出现某种微妙的空疏，就变成似乎在何处突然裂开大洞的乏味的空间了，雕塑就是那样在都市空间中占有着恰当的位置，在这个空间中自然地造成某种气氛。"[1] 诚然，田村明阐述了随意"放置"城市雕塑的弊端，应把城市雕塑视为"都市构成的一部分"，同时还强调"合适地纳入"，其观点是比较明确和有针对性的。但是在文中只提到了不要"随意拿来"的深度似嫌不够，因为有些城市雕塑不仅是大小失调、"不甚和谐"的问题，大量存在的问题是粗制滥造而不堪入目，可谓置于城市公共空间中的"垃圾"，且严重地与当代文明城市不相称。另外，联系我国的实际，不少地方把建筑小品或城市雕塑视为装饰品或点缀物，盲目地抄袭和模仿，到处作为摆设，并宣扬"普遍开花"而乱放错放，致使不少地区和城市不成体统。综上所述，可以看出环境景观的设计与创作，绝非孤立的制作行为，而是需要处理好与具体环境之间的依存关系，才能把握住环境景观设计的正确道路。

6.1.1 景观形式美的基础原则

（1）从整体公共空间的环境特点出发，锐意追求构思的深邃内涵，探寻合适的场所、造型、动感、比例、尺度、色彩、质感以及所形成的气氛和特性，处理好形式美的构图问题。

（2）深入研究和思索自然环境、地域特点、历史传统、文化氛围等方面的特殊性，使公共空间环境中的景观设计与其他组合要素之间协调统一和有机联系，以利于创作构思的感悟和调动思维的丰富底蕴，创造出感人肺腑的艺术性，使整体设计作品表达出迷人的风格魅力。

（3）依据构思意图采用分清主次、理顺章法、安排序列等空间组合的构图艺术技巧，有目的地运用有利因素，扬弃或改造环境中的不利因素，为创造新颖别致的环境景观作品而服务。

---

1 世界现代城市雕塑. 上海：上海人民美术出版社，1978.

(4) 依据环境设计、景观设计、园艺设计、小品设计以及雕塑设计等创作的意图，既要思考艺术形式问题，还要考虑建造技术和材质选择等方面的问题，协调好艺术与技术、形式与内容、设计与施工、结构与材料以及标准与经济等项的矛盾关系，才能把握住创作思想的综合性，克服创作思想的片面性、单一性和主观性，合理而又科学地解决好城市公共空间环境景观设计的问题。

(5) 进入 21 世纪以来，我们既要看到全球性的文化经济大潮的冲击和挑战，也要看到世界各国的地域文化遭到不同程度的冲击与衰落的状况。因此，在环境设计创作中如何对待全球化与地域化的问题，依然需要坚持全面分析的观点处理两者的关系，方能比较全面解决它们之间的矛盾统一的问题。诚然，从精品中也可获得值得借鉴的经验，一般地它们既体现出时代特征，同时又反映出地域文化的特色，并能使之有机联系和浑然一体。另外，有不少设计师的创作根植于他们生存的土壤和环境之中，自然地在作品中渗透着和散发着乡土气息。因此要求当代设计师需要吸纳建筑与环境创作中的新成就，借以不断丰富自己的头脑，以利创造出具有强烈地域文化特色的环境景观作品，以适应时代发展和人们对美的境界需求。

6.1.2　环境景观设计的历史文化背景

世界各国的历史、文化、艺术的背景，尤其是建筑文化艺术的背景，对城市公共空间环境景观艺术的创作，起着极为重要的影响，这个道理早已被世人所共识，但需要强调的是，人类所创造的雕塑艺术是先于建筑，正如梁思成先生所著《中国雕塑史》中明确提出的："……艺术之始，雕塑为先。盖在先民穴居野处之时，必先凿石为器，以谋生存；其后既有居室，乃作绘事，故雕塑之术，实始于石器时代，艺术之最古者也。"[1] 从遗留下来的文物古迹，如秦砖汉瓦、庙宇佛像、金属器皿，完全可以证明我国雕塑艺术的发展先于建筑艺术历史的事实，但在后来的朝代中，建筑与雕塑两者的发展是相辅相成的。例如我国唐朝建于陕西乾县的高宗和武则天墓，于神道两侧布置了华表、飞马、朱雀、石马、石人、石碑等雕塑群，皆是沿着中轴线对称排列的，如此格局意在表达封建王权至高无上的思想内涵。其丰满敦实的造型，既和盛唐时期的政治经济分不开，也和当时其他艺术领域的蓬勃发展相联系，且与雄壮有力的建筑风格相匹配。可以说有了如此肥沃"土壤"的滋润，滋生

---

[1] 梁思成著. 中国雕塑史. 天津：百花文艺出版社，1997.

出如此光辉灿烂的环境景观，应是历史的必然。例如唐朝的乾陵石狮（图6-11）和南京明孝陵神道上的石象雕塑（图6-12），两者皆显示出中国古代环境景观艺术的辉煌成就。另外，西方的城市公共空间景观艺术的发展，同样地与文化艺术背景紧密相连，如古希腊、罗马的文化艺术背景，一直影响着整个西方世界的建筑文化艺术，由此发展而来的公共空间环境的景观艺术，不同程度地反射出希腊、罗马的文化艺术形式和深邃精深的内涵。因而，雅典卫城的光辉成就一直滋润着西方城市公共空间艺术的发展，例如宏伟端庄的帕提农神庙（图6-13a）和山花浮雕（图6-13b）、伊瑞克提翁神庙的女像柱廊立面图（图6-14a）和建筑造型景观（图6-14b），公认为建筑与雕塑密切结合的经典，使建筑和雕塑的生成犹如孪生姐妹，相辅相成浑然一体，谱写出人类历史优美的篇章，构成雅典卫城视觉艺术的重点。达到如此高度的成就是与运用构图艺术技巧、造型组合推敲、体型动态特色、材料质感选择分不开的。其中，更为重要的是将雕塑艺术寓于整体空间环境艺术之中，成为特定空间场所不可分割的组成部分，因此希腊、罗马建筑环境的创作经验是值得当代设计师继承和借鉴的。

图6-11　乾陵石狮（张文忠编绘）（左）
图6-12　孝陵石象（张文忠编绘）（右）

图 6-13a 雅典卫城帕提农神庙（摘自 Art Through the Ages，张文忠编绘）

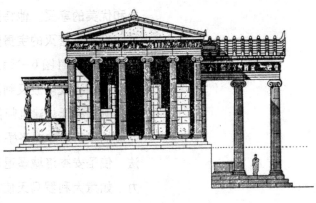

图 6-13b 帕提农神庙山花细部（摘自 Art Through the Ages，张文忠编绘）

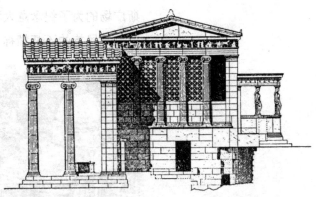

图 6-14a 雅典卫城伊瑞克提翁神庙立面图（摘自 Art Through the Ages，张文忠编绘）

从西方建筑发展史的层面上看，也可看出与之相应的公共空间环境雕塑艺术的发展。西方建筑文化历经希腊、罗马、歌德、拜占庭、文艺复兴、巴洛克和近现代等阶段的发展历程，作为其中重要组成部分的环境景观艺术，必然表现在各个国家或地区历史的发展轨迹之中。例如在意大利文艺复兴时期，城市广场、建筑碑亭、墙垣水景及雕塑小品等环境景观的布局，常构成一定的空间序列，达到完美、统一而又和谐的境界，取得了极高的艺术成就。享誉盛名的米开朗琪罗（Michelangelo Buonarroti，1475—1564）即是当时典型的代表，他不愧是一位超凡的雕塑家、画家和建筑师，他的创作观念是把建筑视为雕塑艺术品，并追求建筑的体积感和雕塑感，因而在他的作品中充满了热情、力度和动态，给人留下难忘的印

图 6-14b 雅典卫城伊瑞克翁神庙景观（摘自 Art Through the Ages，张文忠编绘）

象和优美的享受。他特别强调"建筑雕塑性与雕塑建筑性"的创作理念，这是一份不可磨灭的宝贵财富，至今依然有着重要的参考价值，比如梵蒂冈圣彼得大教堂（图 6-15a、b）。同时巴洛克时期的雕塑不仅影响着建筑艺术，而且不同程度地波及到其他的艺术领域，有的雕塑成为建筑群空间的构图焦点，例如教廷总建筑师伯尼尼（Giovanni Lorenzo Bernini 1598—1680）和助手完成的罗马圣安杰洛桥（Ponte S. Angelo）的雕塑，系运用加大力度的夸张手法，使圣安杰洛城堡退居为雕塑景观的背景之中，达到强化景观的艺术感染力；如意大利罗马天使古堡与桥栏雕塑的景观（图 6-16）；再如，位于威尼斯广场的为了纪念意大利统一而建的纪念堂，这座雄伟端庄的建筑，象征着国家与民族的不朽精神（图 6-17）。另外，随着近现代社会发生天翻地覆的

图 6-15a　圣彼得大教堂鸟瞰图（摘自 *Art Through the Ages*，张文忠编绘）

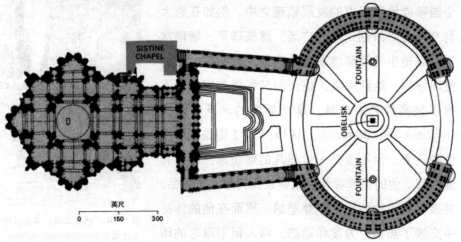

图 6-15b　圣彼得大教堂平面图

图 6-16　意大利罗马天使古堡（张文忠绘）

图 6-17　意大利威尼斯广场纪念堂景观（张文忠绘）

变化，以及经济技术高速的发展，促使人的观念不断更新，必然导致城市建筑、环境艺术、雕塑小品等方面的迅速发展。例如被誉为20世纪最负盛名的当代雕塑家之一的亨利·摩尔（Henry Moore）的雕塑作品，极大地适应了现代城市公共空间环境的新要求，创作出大量的并能与人的行为心理相协调的作品。他将作品的艺术造型提炼到异常单纯的形体，表达出生命的实质和动力的内涵，使其既能与人对话又能与现代城市公共空间环境配合默契，在限定的场所中起到画龙点睛的作用，而引人入胜。再如上海美术馆入口庭院的景观（图6-18）和美国哥伦比亚大学校园的雕塑作品（图6-19）。此外，还有不少成功的环境景观作品巧妙地使环境空间充满耐人寻味的艺术境界，其作品的艺术性不仅增添了公共空间的层次，同时也丰富和美化了城市街区的天际线，体现出公共空间与雕塑小品之间相互依存、水乳交融的效果。说明了城市公共空间环境场所的设计，应重视空间组合、调度视觉角度、增加观赏界面、美化环境气氛等各种设计艺术技巧，使其达到极高的审美境界。当

图6-18　上海美术馆雕塑景观（张文忠绘）（左）
图6-19　美国哥伦比亚大学校园景观（张文忠绘）（右）

图 6-20 美国底特律科技馆景观
（张文忠绘）

今社会是信息与电子的时代，必然促进人们的心理与行为的变化，在享受物质生活的同时，越加要求享受全新形态的精神享受，那些动态飘逸、造型挺拔、抽象构成、色彩鲜明、质感粗放的景观艺术设计作品，不断地满足现代人生活中快节奏的观赏需求。如美国底特律市科学馆的景观小品（图6-20），它的造型具有性格突出、色彩明快的特色，与环境背景相互依存，达到密切配合的优美效果，因而构成极强的标志性。诚然，近些年来继承我国优秀园林设计传统，借鉴其他国家建筑环境创作经验，反映现代生活的景观设计应运而生，其中不乏一些充满生机和抽象意趣的景观作品，这无疑对美化环境空间、充实生活情趣、满足审美层次起到积极的作用。综观古今中外环境景观的优秀作品，大多汲取了深层文化的基因作为创作的基础，之所以能取得良好的硕果，皆走过异常艰辛的创作历程，绝非草草从事可以奏效的。

6.1.3 环境景观设计的新趋势

值得注意的是，随着时代特色的更新、环境意识的增强、科学技术的进步、建筑艺术的发展，不少发达国家的建筑师或环境设计师已创造出大量创意新颖的城市公共空间环境景观作品，这引起各国建筑师的重视。下面按不同的情况和不同的创作构思，举些例子以供参考、研究和学习。

1) 反映历史事迹的环境景观

位于上海南京路与九江路交汇处布置了以"五卅运动纪念碑"为主题的纪念性雕塑与小品群，在有限的场所中运用花坛、树丛、广场、曲径等现代环境景观的设计手段构成优异完美的空间艺术景观，体现出端庄紧凑而又潇洒飘逸、主题突出而又层次分明的构图章法，构成游人逗留休憩和凝神观赏的良好场所。其特色是弧线碑身造型轻快、铜雕动势引人瞩目，造型非凡和庄严肃穆而令人景仰（图6-21a、b）。另外在沿弧线墙背后，布置了横向构图的青铜质感的抽象浮雕，因节奏感强、形象生动而引人注目（图6-21c）。总之，由于总体布局得当，创作思路清晰、构思创意深邃而形成了一组优美动人的公共空间艺术环境景观。

图6-21a 上海五卅运动纪念碑（张文忠绘）

图6-21b 上海五卅运动纪念性艺术景观（张文忠绘）

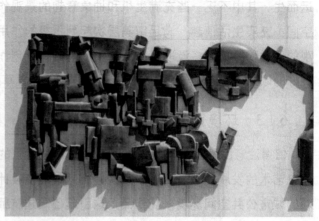

图6-21c 上海五卅运动纪念景观浮雕（张文忠绘）

2) 颂扬光辉历史的环境景观

大连市英雄公园空间艺术的碑群组合，是一个系列性的纪念性景观区。进入观区首先映入眼帘的是"一滴血"烈士纪念碑，碑身耸立在山丘之上十分壮观，拾级而上，显得主碑更加突出，景仰之情油然而生（图6-22a）。碑身的创作构思极富纪念性、震撼性和艺术性，令人不免产生崇拜而又怀念的心境。此外，还布置了近代各个历史时期的英雄人物的纪念雕塑，不同的艺术形式展现了不同的性格特色，并按照一定的规律布置得井井有条、落落大方（图6-22b、c、d）。总体空间环境艺术布局，体现出了庄严肃穆、正气凛然和悲壮大方的性格特征，给人们留下了难以忘怀的深刻印象。

高低起伏的岳麓山风光和宽阔荡漾的湘江水景，是长沙市自然景观的象征和标志。因此，在紧靠岳麓山广场和湘江岸边一侧布置了一座火炬腾跃造型的雕塑小品，其象征着星火燎原的创意，歌颂革命历史发展的雄伟气势。雕塑小品背靠一条湘南民居风格的矮墙，并以岳麓山的远处剪影为衬托，借以加深空间艺术景观的层次，使得火炬的造型异常丰满和生动（图6-22e）。以上两个实例说明人工景观若能与自然景观环境配合密切，可以增强空间环境艺术魅力及感染力，使空间艺术景观的塑造更能趋于完美而引人入胜。

图6-22a 大连英雄公园"一滴血"纪念碑景观（张文忠绘）

图6-22b 烈士纪念碑群艺术景观（张文忠绘）

图6-22c 何叔衡烈士纪念碑环境艺术景观（张文忠绘）

图 6-22d 刘志丹烈士纪念碑环境艺术景观（张文忠绘）

图 6-22e 湘江岸边的雕塑艺术景观（张文忠绘）

3) 体现文化特色的环境景观

坐落在波士顿海滨半岛端部的肯尼迪图书馆，建筑景观具有强烈的纪念性（图 6-23a），系贝聿铭建筑师事务所设计。其位于大海边缘，在环境设计中为了突出表现"气势磅礴"的特征，建筑师运用几何形体把建筑组合成为几大体块，并采用大手笔的设计手法，以大尺度控制住建筑整体造型的空实关系，与辽阔的海洋环境相协调。另外，建筑大厅主体造型的外观，装修了黑色玻璃幕墙，俨然像是一座挺拔有力的墨色花岗岩纪念碑身，而白色的建筑似像深沉的副碑或基座，所以整幢建筑象征着纪念的内涵，因而构成气度不凡的环境景观特色。局部细节的设计也是一丝不苟地进行推敲，如沿海一侧的漫长踏步、白色墙面背景将有纪念意义的帆船放置在观赏视角之中（图 6-23b），体现出意味深长而又别具匠心的创作意境。

校园环境具有其他空间所不具备的文化特征，因此依照学校所具有的文化环境特性，常把校园景观设计成为文静典雅、庭园幽深、亭廊异趣、绿化成荫、水面环绕、雕塑点景等效果，使其益于工作学习和文体活动的场所。有不少校园在合理规划布局条件下，布置了优美动人的雕塑和小品，它不仅起到美化环境的作用，而且还陶冶了人们的情操。例如西安电子科技大学的中心庭园的高大的碑体（图 6-24a）、古朴的古鼎（图 6-24b）和优美的动态女性雕塑（图 6-24c）等，极大地丰富和美化了校园环境。

第6章 公共空间环境设计的其他问题

图6-23a 肯尼迪纪念图书馆环境景观(张文忠绘)

图6-23b 肯尼迪纪念图书馆不同角度的建筑造型景观(张文忠绘)

图6-24a 西安电子科技大学校园庭园中心景观雕塑(张文忠绘)

图 6-24b 西安电子科技大学校园庭园中古朴的古鼎雕塑（张文忠绘）　　图 6-24c 西安电子科技大学校园庭园中优美的女性雕塑（张文忠绘）

有些城市由于历史遗迹特色突出，常与时代新需求产生不相适应的矛盾，作为设计者应当看到，两者之间既有相互对立的一面也有相互依存的一面，完全可以把环境设计融于两者之间，创作出既有时代特色的明快造型，又具历史符号风韵和优秀文化品位的作品。

4）以自然生态环境为基础的景观构思

对自然生态热爱的明·费埃（Ming Fay）多以自然环境作为其景观作品的主要背景，在他的作品中自然环境成为景观造型设计的构成基础。他曾表示："当这些片段被交织在一起，安排在特殊的场地时，它们变得神秘莫测，它们能发出刺激而唤起个人潜藏于心的记忆。自然界的这些我们熟知的形态可谓是形象创作的丰富的宝藏，而这些形态也与其他的普通的事物有着丝丝缕缕的联系。来源于有机生物世界的这些形象，最终变成了三维空间的现实物体。"费埃的作品给人以自然、亲切的感受，如"叶之门（Leaf Gate）"，其整体造型既通透爽朗、亲切宜人又能与环境密切呼应，堪称为佳作（图 6-25）。[1]

---

[1] [美]布鲁克·巴里编著．张帆译．室外环境雕塑．北京：中国轻工业出版社，2001．

5）别具特色的环境景观设计

(1) 水上环境景观的设计实例

美国著名雕塑家布鲁斯·比斯利（Bruce Beasley），在创作加州奥克兰博物馆入口水塘环境景观时，通过运用热压丙烯酸树脂的新方法铸造了晶莹剔透的造型，其恰好与水池中的倒影、睡莲及浮游的鱼群相映成趣，巧妙地构成一幅生机勃勃的景观画面（图6-26）。[1] 又如建于法国特拉森(Terrasson La Villedieu)的水园（图6-27），通过十字架形态的平面布局将各种水景形式生动地组合在一起，同时还因地制宜地布置了十五个喷嘴，向空间上方交叉喷射水流时形成了如彩虹一般美妙的境界，构成动人心弦的景观效果。[2]

(2) 冰雪环境景观设计实例

芬兰设计师凯米（Kemy）于1996年创建了世界上最大的冰雪城堡，系运用冰块筑造而成。这座冰冻城堡是异样神奇的环境景观，它具有银白色的体型、神秘弥漫的空间，其

图6-25 叶之门景观（张文忠绘）

图6-26 丙烯酸树脂铸造的晶莹剔透的景观（张文忠绘）

图6-27 水柱景观（张文忠绘）

---

1 [美]布鲁克·巴里编著．张帆译．室外环境雕塑．北京：中国轻工业出版社，2001．
2 关鸣编辑．吴春蕾译．城市景观设计．南昌：江西科学技术出版社，2002．

图6-28 芬兰冰城景观(张文忠绘)

圣洁宁静的境界令人赏心悦目,使观赏者体会到特殊的视觉艺术品位,包揽超凡脱俗的景观美(图6-28)。[1]

(3) 雕塑景观设计实例

坐落于美国俄克拉马市由绘画家、雕塑家亚历山大·里伯曼(Alexander Liberman)创作的近代雕塑景观"银河"(8.2m×13.4m×3.7m)(图6-29)和另一处由其创作的位于美国明尼苏达州圣保罗城奥斯本大厦广场前取名为"上方"的景观作品(7.6m×3.7m×3.7m)(图6-30)皆以朱红色喷涂钢材做成,两处景观的造型轻盈飘逸、光影淋漓、动态生动,与简洁的建筑外形环境相呼应,极大地丰富了城市公共空间环境的趣味性、和谐性和艺术性,并能与现代人对话和传递感情。[2]

(4) 利用新材料特殊性能创造的环境景观

在新型城市空间环境设计中,设计师通过新的科技手段开发了材料的性能,创造出很多造型别致的景观作品,比如图6-31a中由曲线镜面不锈钢制成的景观雕塑,因为它能反射出奇异的画面,而获得了出人意料的景观效果,迸发出奇异的景色与变幻莫测的装饰性效应,使观赏者心情愉悦而欢快。构成景观与所处环境之间产生密切地互动与对话,甚至在某些角度可以将活动的人影反映其内,使作品更加充满情趣而耐人寻味(图6-31b)。[3]

---

[1] Raimo Suikkari. Finland 2000. Rks Tietopawelu Oy.
[2] [美]布鲁克·巴里著. 张帆译. 室外环境雕塑. 北京:中国轻工业出版社,2001.
[3] 姜竹青编著. 城市环境雕塑:设计家丛书. 杭州:浙江人民美术出版社,1997.

第6章　公共空间环境设计的其他问题

图6-29 "银河"景观（张文忠绘）

图6-30 "上方"景观（张文忠绘）

图6-31a 日本北海道盐郡高技景观（张文忠绘）

图6-31b 高技反射景观（张文忠绘）

(5) 含有回忆性的环境景观

坐落在纽约联合国总部的"球中之球",系由学习过建筑而后从事雕塑生涯的意大利名家阿诺德·普莫德罗(Arnaldo Pomodoro)所创作。整体造型采用青铜制作,运用球体的裂纹和断缝的空隙,显露出暗藏于内部的构成。作者采用粗犷的手法进行刻画,将内部的体型空间处理得生动有趣,与光洁的球面形成强烈的对比,使人们欣赏到强烈刺激性的感人效果(图6-32)。[1]

图6-32 "球中之球"景观(张文忠绘)

---

[1] [美]布鲁克·巴里著. 张帆译. 室外环境雕塑. 北京:中国轻工业出版社,2001.

6.2 公共空间环境景观的光文化设计

6.2.1 公共空间光照环境的设计问题

环境设计中光与色的设计问题，不仅涉及物体本身的色彩和质感，一般人们所认知的反光的体现则是靠光的照射而呈现的，如自然界的阳光、月光和人工的照明等。当把光与环境艺术设计联系起来的话，就需要上升到"光文化"、"光环境"和"光艺术"的高度进行研究了。在分析这个问题时，首先应该知道城市有总体规划、环境有场所控制、建筑有空间组合、室内有界面布局，因而灯光环境设计应以上述的空间环境系统为载体，方能使光照设计具有依据性、特殊性和明确的目的性，否则将会导致无的放矢，出现随意拉线挂灯的境地，也就谈不上灯光设计与所追求的光照艺术效果了。比如某些城市毫无章法地布置彩色挂灯和高亮照明，看似热闹其实却使夜色灯光环境陷入混乱，既谈不上灯光文化品位，更谈不上光照的艺术文化境界。因此需要提倡的是，在着手光照环境设计之前，首先应弄清所在城市的地域文化特色和所处区段环境的性质与特征，如中心区、商业区、文教区、居住区或行政区等，常因具体环境使用性质的不同而提出不同的照明配置，其光照的艺术形式必然有所区别。在灯光照明环境设计时，依附于上述空间环境载体特色所创造的光环境设计才能创作出光照文化环境别具一格的作品。如上海市南京路商业中心（图6-33）和天津市的商业中心（图6-34）夜晚的灯光效果，

图6-33a 上海南京路步行街夜景（张文忠绘）（左）

图6-33b 上海步行街入口景观（张文忠绘）（右）

图 6-34 天津金街步行街夜景（张文忠绘）

再如澳大利亚悉尼海港大桥的夜色景观与白昼景观有着不同的风采(图6-35a、b)。对于设计师来说，应重视这种差别，使其达到白昼的自然光照与夜晚的人工照明各有千秋的效果，以及突出光照环境的艺术性和不同时间光照的整体性，避免造成夜晚灯光效果绚烂夺人，而白天则淡然失色和枯燥乏味的现象。设计者应持充分利用天然采光与人工照明两者的特色，在特定的环境中，达到相辅相成的境界，或许能使照明设计闪现出艺术的光辉。

图6-35a 悉尼海港大桥夜景（张文忠绘）（左）
图6-35b 悉尼海湾白昼景观（张文忠绘）（右）

6.2.2 光照环境设计艺术的几种类型

1）展现文化特征的灯光艺术效果

耸立于苏州工业园的"时光之舟"灯光文化艺术作品，系由中国美术学院管怀宾教授设计的。他运用抽象与具象融为一体的构思，创造出主题性强的雕塑作品，成为苏州工业园中带有标志性的景观造型。正如《公共环境设计》书中所论述的："……它以光与时间为轴，硕大上升的体态和洗练的视觉语言以及明快喜气的色彩，充分发挥了材质语言的内涵和造型语言的视觉魅力，并浓缩着苏州的文化底蕴和园区开放进取的精神风貌……'时光之舟'与苏州这片充满生息的大地根脉相连，同时它承载着数码信息时代人类的未来想象。"另外，在形体塑造中运用了民间工艺的漏空窗格花饰，并选用了民间喜爱的中国红，巧妙地显示出民族特色的东方美（图6-36a、b、c）。

2）闪现神秘特征的灯光艺术效果

在建筑室内设计中，除了要考虑空间处理、界面布局、材料质感、家具选择、人体尺度等因素之外，灯光照明的文化品位亦至关重要，在大型公共环境设计中，更应注意灯光的艺术处理。例如在古典教堂的室内环境设计中，为了增强室内采光的艺术感染力，常采用彩色玻璃的图案表达神话故事，借以渲染神秘的气氛。例如始建于公元1163年的巴黎圣母院，之所以闻名于世，不仅源于这座教堂建筑的室内外景观和环境布局的完美，同时，设计者对灯光成功的处理使其无论处于阳光明媚的白昼或是面临夜色中灯光灿烂的光照，

图6-36a 苏州市工业园区钢雕白日景观（张文忠编绘）

图6-36b 苏州市工业园区钢雕夜色照明艺术景观（张文忠编绘）

图6-36c 苏州市工业园区钢雕夜色景观（张文忠编绘）

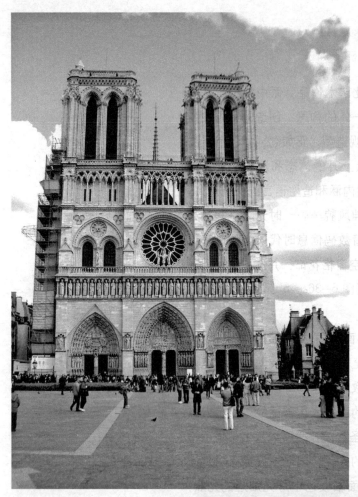

皆能闪烁出她的无穷魅力（图6-37a、b、c、d）。几经反复修缮和加工，使整座教堂好似一件精雕细刻的雕塑作品，显现出异常的品位和高雅的内涵。此外，现代建造的教堂，为了增加天然采光和夜晚的光环境的艺术性，常选用具有现代风格的彩雕玻璃，镶嵌于建筑的墙壁和顶棚的天窗上，组合成为既有透光效果又带有图饰的窗子，这种装饰方法既利于体现出装饰效果，又显得含有文化品位，使建筑的室内外的空间环境丰富多彩而又生动宜人（图6-38a、b、c）。又例如上海外滩穿江隧道入口处的灯光标志设计，为了不干扰外滩公园街区的光照艺术效果，采用了幽深典雅、梦幻神秘的光色，取得了优美动人的良好光照效果（图6-39）。

3）具有现代神韵的灯光艺术效果

为了加深对公共空间灯光环境艺术形象的理解，此处再例举一些国内外的优秀实例，使读者认识到灯光夜景设计的重要性。

图6-37a 巴黎圣母院景观（张文忠绘）

图6-37b 巴黎圣母院景观灯光夜景（张文忠绘）

第6章　公共空间环境设计的其他问题

图 6-37c　巴黎圣母院室内灯光景观（上面四图由张文忠摄像与绘制）

图 6-37d　巴黎圣母院室内灯光景观（摘自《巴黎和凡尔赛的历史和艺术》，张文忠绘制）

图 6-38a　光照下的彩雕玻璃室内景观（摘自《公共艺术设计》，张文忠绘制）

图 6-38b　现代风韵雕画玻璃窗景观效果（摘自《公共艺术设计》，张文忠绘制）

图 6-38c 雕画玻璃室外山墙景观（摘自《公共艺术设计》，张文忠绘制）

图 6-39 上海外滩穿江隧道入口处的灯光标志设计（张文忠绘）

图 6-40a 上海外滩夜色景观（一）（张文忠绘）

（1）上海外滩的灯光夜色，具有似诗句般的抒情、绘画般的意境、音乐般的优美和流水般的通畅，呈现出既幽深莫测又繁花似锦的美景柔情。令人感受到现代化上海飞跃腾达的魅力，同时又能听到激动人心的黄浦涛声，犹如一部声、光、色交混回响的巨型交响乐，因此她时而光彩照人，时而动人心弦又时而令人陶醉（图 6-40a、b，图 6-41a、b、c）。

图 6-40b　上海外滩夜色景观（二）（张文忠绘）

第6章 公共空间环境设计的其他问题

图 6-41a 上海金茂大厦仰望灯光艺术景观
（张文忠绘）

图 6-41b 上海金茂大厦入口部分灯光景观
（张文忠绘）

图 6-41c 上海金茂大厦共享空间灯光艺术景观（张文忠绘）

图 6-42　新加坡商业街灯光艺术景观（摘自 Beautful Singapore，张文忠绘）

图 6-43　堪培拉国家美术馆灯光艺术景观（摘自 Canber-Austrlian Capital Territory，张文忠绘）

　　（2）号称"花园"城市的新加坡，当华灯初上时，波动的水浪与多彩的灯光，交织成为灿烂的梦幻境界，加之行人们的窃窃私语，使整个城市更加的恬静宜人。漫步街区时，其树丛花香、临水倒影、曲折小街，不时的闪耀出诱人的光色，真乃魅力无穷而又耐人寻味（图6-42）。

　　（3）澳大利亚首都堪培拉的灯光夜色景观不仅体系分明，同时还端庄大方、气质高尚、秀丽典雅。在规划布局中，运用绿化系统繁茂的特点，多以自然景观包容着首府的建筑环境，并能充分反映出轴线明确、绿色成荫的优美景色，令人感到悠然自得而难于忘怀（图6-43）。

　　（4）闻名于世的水城威尼斯，以景色迷人而著称。其中利亚德桥和圣马可海港水域的灯光夜色景观即好似一幅优美的画卷。设计师运用了直射、反射、点射等多种照明手段来呼应空间环境中文艺复兴时期的建筑造型，在突出城市引人入胜的文化内涵的同时，构出了彩色叠加与灯光缤纷的绝美幻境，

图6-44 威尼斯灯光艺术景观（摘自《威尼斯》，张文忠绘）

显示出奇异变幻、魅力诱人的景观（图6-44）。

(5) 环抱水浪波涛的悉尼歌剧院在丰富多彩的灯光的照耀下，它的建筑形象显得格外动人。其灯光环境的设计更加体现了悉尼歌剧院的含蓄典雅、优美大方，同时令整个建筑空间显得文化色彩浓郁、水天光影淋漓、夜色层次分明，使人犹如踏进仙境一般（图6-45）。

图6-45 悉尼歌剧院环境灯光艺术景观
（摘自 *A Steve Souvenir of Sydney Australia*，张文忠绘）

6.2.3 具有时代特性的环境景观

伴随社会发展、科技进步以及人们视觉艺术等方面因素的综合进展,以科学技术性为思考的创作观,滋生出与时代步伐共进的新型光环境景观,这是事物发展的必然性。例如布置在美国丹佛市表演艺术中心的景观作品"太阳泉",作者 Larry Bell 和 Ericorr 选用"……真空沉积玻璃和丙烯纤维材料,创作了如装有薄雾的方盒子一类的作品。"即"他们的作品造型很富有理性及科学性,稍低于地面的这一圆盘内部用焦油漆成了黑色,使它能吸收并聚集太阳的热量,从而使作为蒸气发生器的 12 面体玻璃盒子慢慢向外散发出薄雾。"这类含有科技性的景观作品,是于 20 世纪 60 年代后期起步的,其给人们带来了崭新的启迪和浓郁的观赏兴趣,主要缘于其能与现代人的生活方式和审美意识同步(图 6-46)。又如位于巴黎蓬皮杜中心的激光花环,是运用高科技的激光科学构成了悬空的光彩夺目的诱人图像,它不仅给人以无限美好的视觉艺术感受,同时还将人们与现代科技生活联系在一起,给人们带来了新的艺术景象的享受(图 6-47)。

图 6-46 美国丹佛市太阳泉新思维景观作品(摘自《设计家——城市环境设计》,张文忠绘)

图6-47 巴黎蓬皮杜中心上空的激光花环景观（摘自《城市雕塑艺术》，张文忠绘）

6.3 建筑构成的环境景观设计

由建筑或建筑群所形成的环境景观，如：圣马克广场的高耸挺拔的尖塔（图6-48）、灯光多变的埃菲尔铁塔（图6-49）、1848年画家查姆平绘制的油画巴黎凯旋门（图6-50）、圣洁端庄的巴黎圣母院（图6-51）、富丽堂皇的巴黎歌剧院（图6-52）、巴黎协和广场大喷泉光照景观（图6-53）、巴黎拿破仑纪念柱景观（图6-54）、卢浮宫庭院灯光夜色景观（图6-55）、连拱辉煌的罗马斗兽场（图6-56）、威尼斯面海建筑景观（图6-57）、瑞士琉森市古木桥的景观（图6-58）、奥地利因斯布鲁克古朴的小街（图6-59）等，充分反映出名城绚丽多彩的环境景观特色。近现代不少地区和城市涌现出以建筑构成的环境景观，规模小的可称之为"建筑小品"，规模大者则被称为"建筑构成的环境景观"。可见，由建筑构成的环境景观是多么的重要。因而再例举些现代的实例，供读者鉴赏和学习。诸如扬名于世的悉尼海湾歌剧院与巨大拱桥（图6-60）、美国达拉斯急水畅流的喷泉广场（图6-61a、b）、纽约建筑构成的奇异的环境景观（图6-62a、b）、西班牙维多利亚以木构成的园艺亭廊的环境景观（图6-63a、b）、美国洛杉矶珀欣广场以建筑与绿化相结合而构成的环境景观（图6-64）、由美国著名建筑师埃诺·沙里宁创作的位于美国圣路易斯以杰弗逊纪念拱构成的环境景观，是当代被人爱戴的经典作品（图6-65a、b）。

图 6-48　圣马克广场高塔景观（张文忠绘）

图 6-49　埃菲尔铁塔多变的灯光夜景（参照《巴黎和凡尔赛的历史和艺术》图像，张文忠绘）

图 6-50　画家查姆平绘制的凯旋门

图 6-51　巴黎圣母院景观（张文忠绘）

图 6-52　巴黎歌剧院灯光夜景（参照《巴黎和凡尔赛的历史和艺术》图像，张文忠绘）

第6章　公共空间环境设计的其他问题

图 6-53　巴黎协和广场喷水池灯光夜色（参照《巴黎和凡尔赛的历史和艺术》，张文忠绘）

图 6-54　拿破仑纪念柱灯光夜景（参照《巴黎和凡尔赛的历史和艺术》，张文忠绘）

图 6-56　罗马斗兽场景观（张文忠绘）

图 6-55　卢浮宫金字塔灯光夜色景观（参照《巴黎和凡尔赛的历史和艺术》，张文忠绘）

图 6-57　意大利威尼斯景观（张文忠绘）

图 6-58 瑞士琉森市传统木桥景观(张文忠绘)

图 6-59 奥地利因斯布鲁克街道景观(张文忠绘)

图 6-60 悉尼海湾剧院与大桥景观(张文忠绘)

图 6-61a 美国达拉斯喷泉广场景观作品(摘自《城市设计与环境艺术》,张文忠绘)

第6章 公共空间环境设计的其他问题

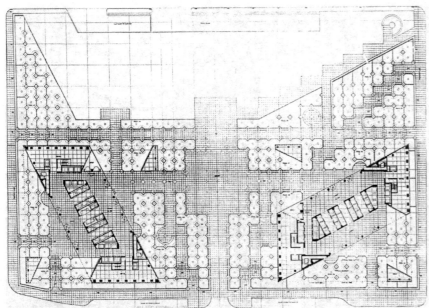

图 6-61b　美国达拉斯喷泉广场平面图（摘自《城市设计与环境艺术》）

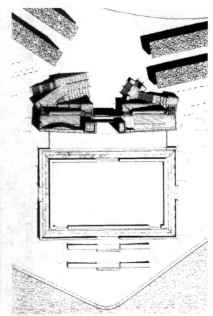

图 6-62a　纽约建筑构成的环境景观平面图
（摘自《城市景观设计》）

图 6-62b　纽约建筑构成的环境景观（摘自《城市景观设计》，张文忠绘）

图 6-63a 西班牙维多利亚庭园小亭环境景观图（摘自《城市景观设计》，张文忠绘）

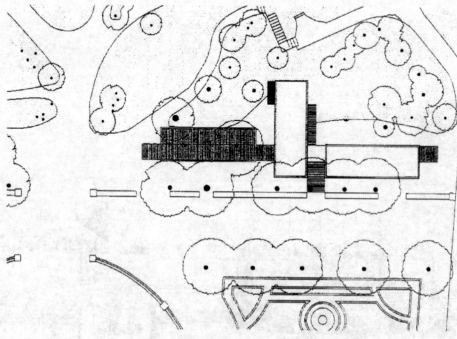

图 6-63b 西班牙维多利亚庭园小亭环境景观平面图（摘自《城市景观设计》）

第6章 公共空间环境设计的其他问题

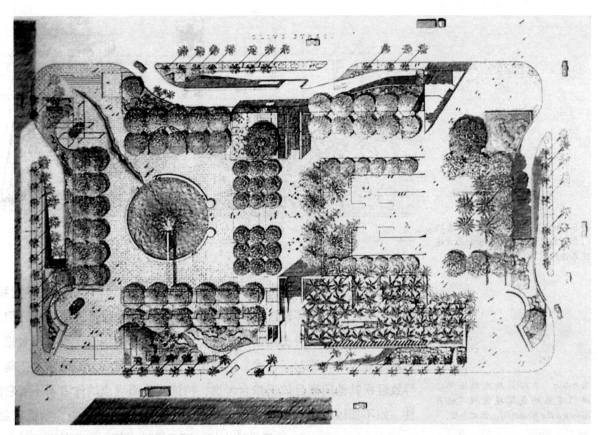

图 6-64　洛杉矶珀欣广场建筑构成环境景观图（摘自《城市景观设计》，张文忠编绘）

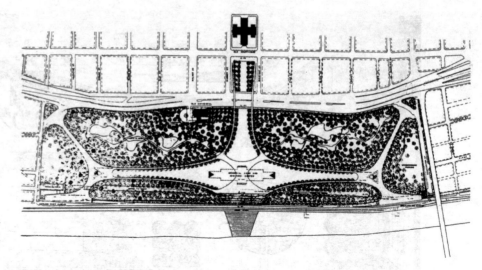

图 6-65a 圣路易斯杰弗逊纪念拱门总平面图（摘自《20世纪西方建筑名作》）

图 6-65b 圣路易斯杰弗逊纪念拱门建筑构成环境景观（摘自 America the Beautiful，张文忠绘）

综上所述可以看出，在公共空间环境设计的领域内，很多人不重视实用、经济、美观、坚固等设计问题，因而不能以辩证的思维方法处理它们之间的矛盾。还有些人以突出所谓"艺术"为构思创作的中心，更有甚者把"环境艺术设计"纳入绝对"艺术"的轨道，把环境景观视为纯艺术的范畴，因而导致轻视其他问题且缺乏综合考虑，持这些片面观点的作者看不到它的危害性，如不加以及时纠正将会给环境设计界增加前进的阻力。前面已经论述，建筑设计也好，环境设计也好，它们的艺术特色属于实用艺术，与绘画、雕塑、音乐、戏剧等纯艺术是有区别的，如果不弄清实用艺术和纯艺术之间存在差异的话，必然会把两者混淆起来，酿成作品风格混乱而脱离实际。因此需要强调"未雨绸缪"展开学术交流和研究，持理论联系实际的思想方法，面对建设的大潮作出更大的贡献。

诚然，尚有一些问题也属于"其他"的范围，如路灯、路标、电话亭、问讯亭、小卖亭、书报亭等不可缺少的服务设施，在设计中依然需要纳入环境设计的范围，但限于教材的篇幅，就不一一论述了，读者可以参照已经论述的原则，以举一反三的思路，持分析研究的创作精神进行学习和设计。再者，本书的编写是以学生学习和教材深度的要求为论述的基础，并没有涉及学术界较为深奥的问题，力求给初学者或年轻的设计师奠定基础性的知识，乃是这本教材所遵循的编写宗旨。

第7章
公共空间环境设计实例选编

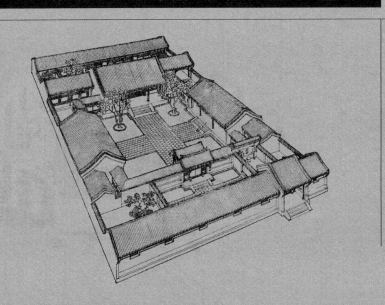

第7章 公共空间环境设计实例选编

7.1 城市广场

图 7-1-1 英格兰环行石阵示例（摘编自 *Art-Through the Ages*）

第7章 公共空间环境设计实例选编

图 7-1-2 英格兰环行石阵细部（摘编自 *Art-Through The Ages*）

图 7-1-3　西班牙猎人奔舞岩画（摘编自 *Art-Through The Ages*）

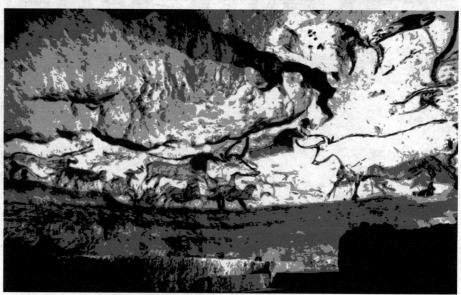

图 7-1-4　法国牛群岩画（摘编自 *Art-Through the Ages*）

第7章 公共空间环境设计实例选编

图 7-1-5 意大利威尼斯广场纪念宫景观（张文忠拍摄）

规划设计平面图

鸟瞰图

图 7-1-6　广州科学城中心区环境规划设计（摘编自《城市环境设计》2006.3）

第7章 公共空间环境设计实例选编

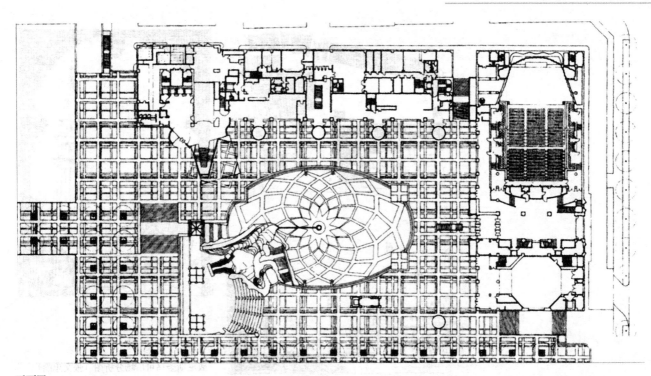

平面图

环境景观

图 7-1-7　日本筑波中心广场环境景观（摘编自《20世纪西方建筑名作》）

191

威尼斯圣马可广场分析图（张文忠绘）

图 7-1-8a 威尼斯圣马可广场环境景观（一）（张文忠拍摄）

第7章 公共空间环境设计实例选编

广场景观

海上景观

图 7-1-8b 威尼斯圣马可广场环境景观（二）（张文忠拍摄）

公共空间环境设计

天津博物馆——"天鹅展翅"

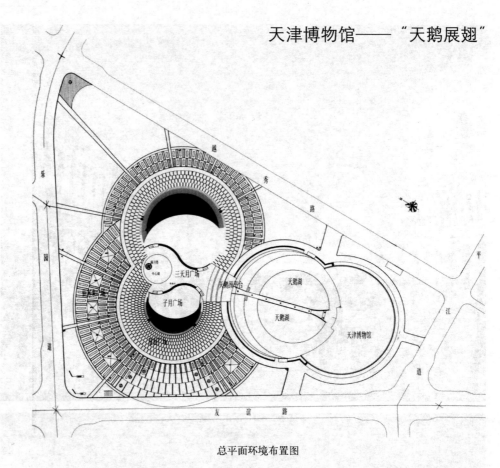

总平面环境布置图

图 7-1-9a 天津博物馆环境景观
（一）（摘编自《中国建筑 100 丛书》）

第7章 公共空间环境设计实例选编

入口标志（张文忠拍摄）

广场环境分布图标志（张文忠拍摄）

图 7-1-9b 天津博物馆环境景观（二）（摘编自《中国建筑 100 丛书》）

公共空间环境设计

广场环境景观（张文忠拍摄）

天鹅颈长廊景观

图 7-1-9c　天津博物馆环境景观（三）（摘编自《中国建筑100丛书》）

第7章 公共空间环境设计实例选编

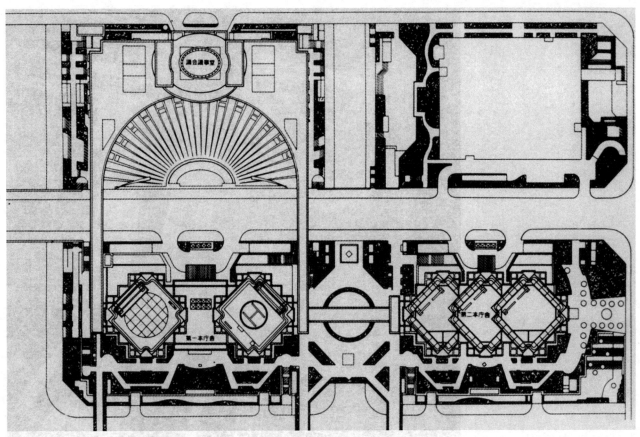

人民广场总平面图

人民广场环境景观

总体环境景观

图7-1-10 东京都新市政厅人民广场环境景观（摘编自《20世纪西方建筑名作》）

公共空间环境设计

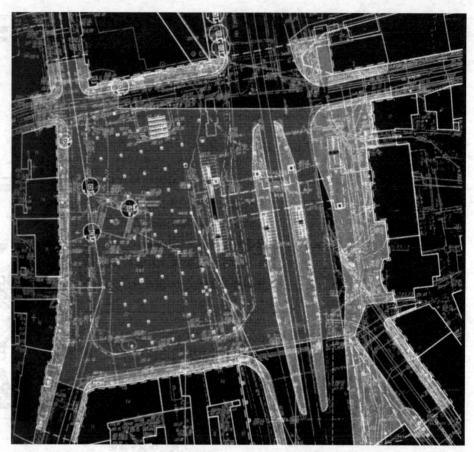

新协和广场（犹太区英雄广场）平面图

图7-1-11 波兰克拉科夫新协和广场环境景观（摘编自《世界建筑》2005.5）

新协和广场（犹太区英雄广场）夜色景观

第7章 公共空间环境设计实例选编

广场平面布置图

广场鸟瞰图像

俯视景观

图 7-1-12a　美国明尼阿波利斯市联邦法院广场环境景观（一）
（摘自《建筑与环境设计》）

公共空间环境设计

图 7-1-12b　美国明尼阿波利斯市联邦法院广场环境景观（二）（摘自《建筑与环境设计》）

广场自然景观的情趣

广场的原生树干景观趣味

图 7-1-12c 美国明尼阿波利斯市联邦法院广场环境景观（三）（摘编自《建筑与环境设计》）

图 7-1-13a 荷兰鹿特丹舒堡广场环境景观（一）（摘编自《建筑与环境设计》）

第7章 公共空间环境设计实例选编

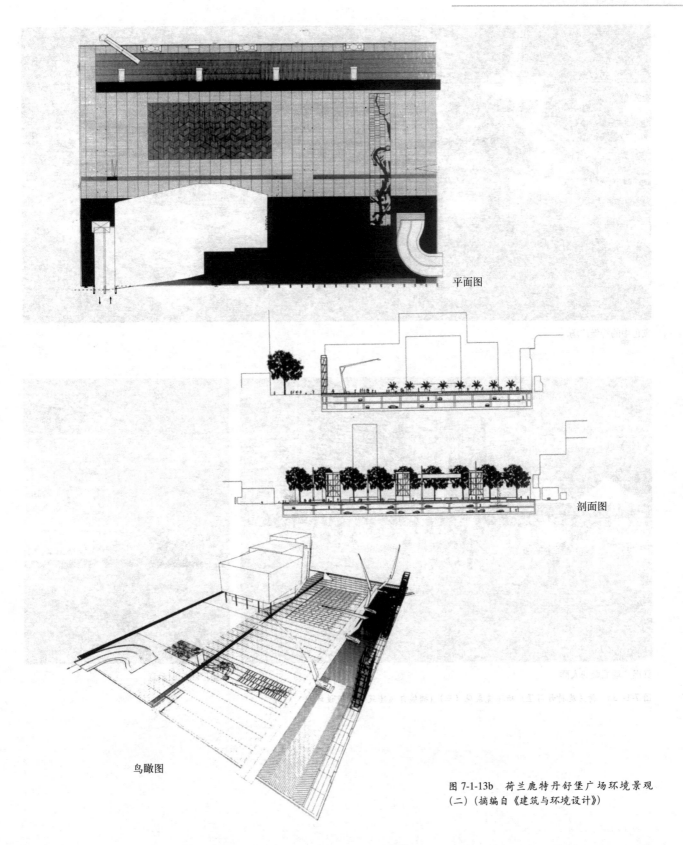

平面图

剖面图

鸟瞰图

图 7-1-13b 荷兰鹿特丹舒堡广场环境景观（二）（摘编自《建筑与环境设计》）

203

夜色中的舒堡广场

舒堡广场汇聚的人群

舒堡广场标识示意

图 7-1-13c　荷兰鹿特丹舒堡广场环境景观（三）（摘编自《建筑与环境设计》）

第7章 公共空间环境设计实例选编

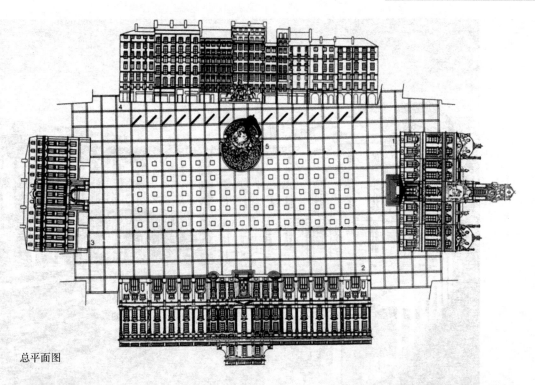

总平面图

鸟瞰图

图 7-1-14a 法国里昂德侯广场环境景观（一）（摘编自《城市景观设计》）

公共空间环境设计

图 7-1-14b 法国里昂德侯广场环境景观（二）（摘编自《城市景观设计》）

第7章 公共空间环境设计实例选编

俯视环境景观

夜晚水景景观

夜色环境景观

图 7-1-14c 法国里昂德侯广场环境景观（三）（摘编自《城市景观设计》）

图 7-1-15 美国明尼阿波利斯音乐厅广场标志景观（张文忠拍摄）

图 7-1-16a 美国洛杉矶 FIG 购物广场环境景观（一）（边放拍摄）

图 7-1-16b 美国洛杉矶 FIG 购物广场环境景观（二）

第7章 公共空间环境设计实例选编

广场局部景观（边放拍摄）

广场雕塑景观

广场"夜航"雕塑环境景观

图 7-1-17 美国洛杉矶办公区克拉克广场环境景观（摘编自《当代美国城市环境》，边放拍摄）

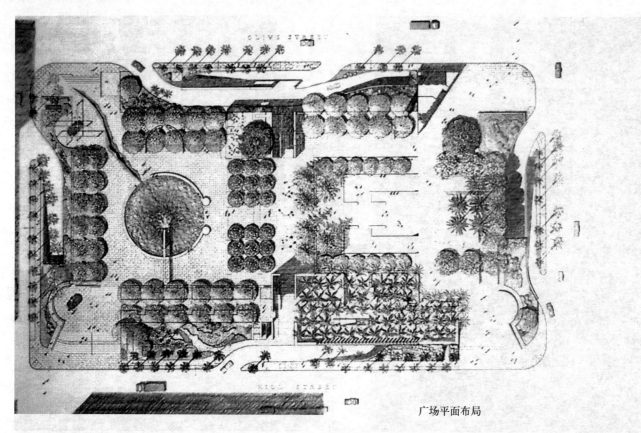
广场平面布局

广场雕塑景观

广场局部景观

图 7-1-18　美国洛杉矶珀欣广场环境景观（摘编自《城市景观设计》）

第7章 公共空间环境设计实例选编

广场水景景观

广场局部景观

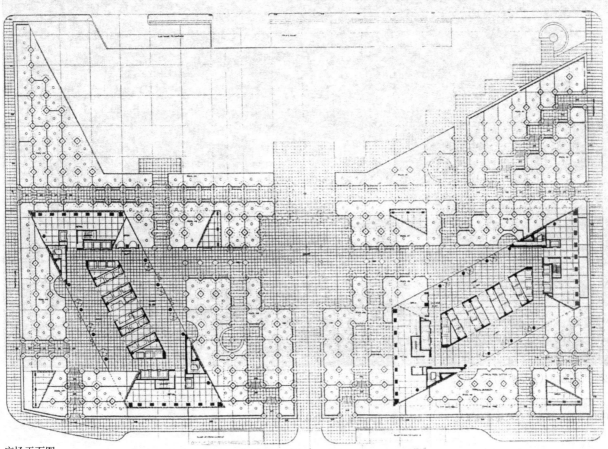
广场平面图

图 7-1-19 美国达拉斯喷泉广场环境景观（摘编自《城市设计与环境艺术》）

211

公共空间环境设计

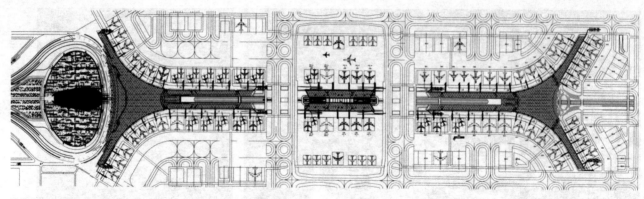

首都枢纽机场总平面图

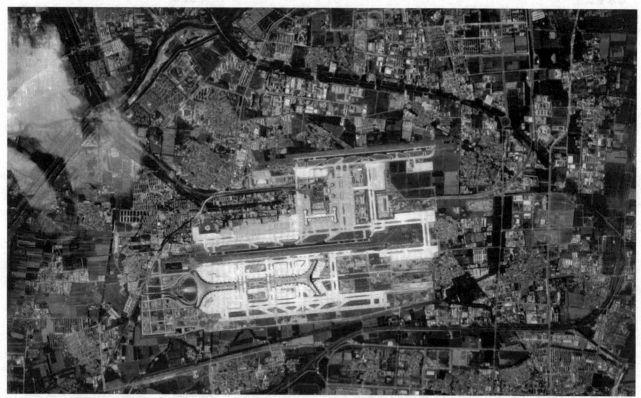

首都枢纽机场总图（卫星照片）

图 7-1-20a　北京首都枢纽机场环境景观（一）（摘编自《世界建筑》2008.8）

第7章 公共空间环境设计实例选编

首都枢纽机场广场模型

首都枢纽机场登机桥景观

图 7-1-20b 北京首都枢纽机场环境景观（摘编自《世界建筑》2008.8）

7.2 庭院场所

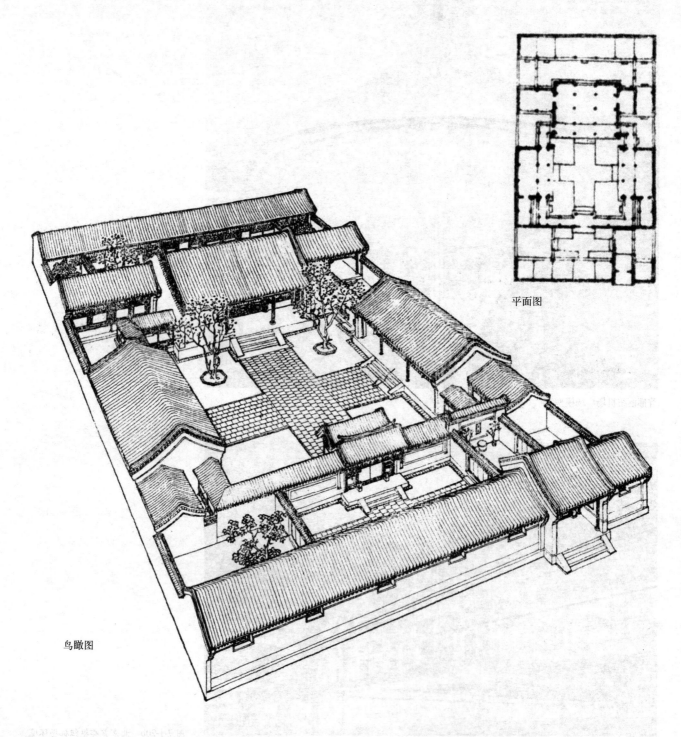

平面图

鸟瞰图

图 7-2-1 北京四合院空间环境图（摘自《中国建筑史图集》）

第7章 公共空间环境设计实例选编

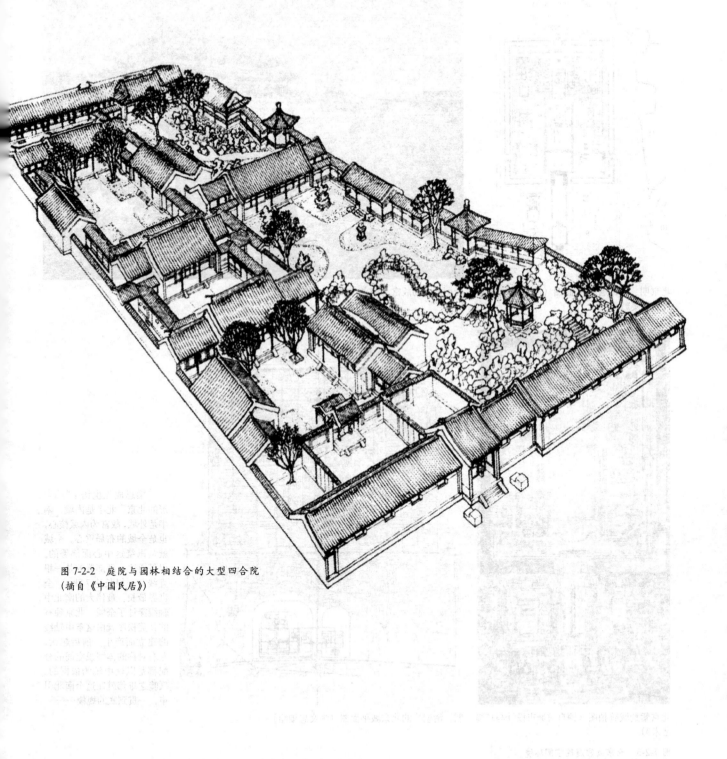

图7-2-2 庭院与园林相结合的大型四合院
(摘自《中国民居》)

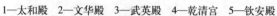
1—太和殿　2—文华殿　3—武英殿　4—乾清宫　5—钦安殿
6—皇极殿，养性殿，乾隆花园　7—景山　8—太庙　9—社稷坛　10、11、12—南海、中海、北海

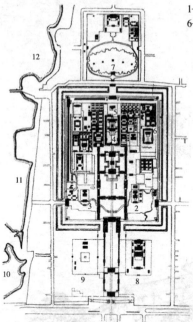

北京明、清故宫总平面图（摘自《中国建筑史图集》）　　壮丽威严的故宫（摘自《中国古代建筑》）

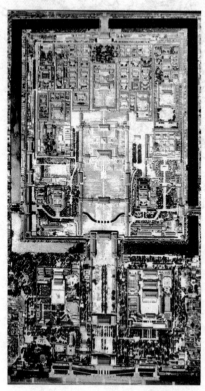

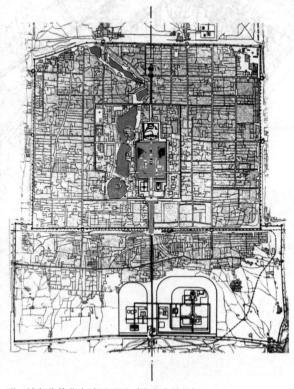

梁思成先生语："凸字形的北京，北半是内城，南半是外城，故宫为内城核心，也是全城的布局重心。全城就是围绕这中心面部署的。但贯通这全部部署的是一根直线。一根长达7.8km，全世界最长、最伟大的南北中轴线穿过了全城。北京独有的壮美秩序就由这条中轴线的建立而产生。前后起伏，左右对称的体型或空间的分配都是以这中轴为依据的。气魄之雄伟就在这个南北引申，一贯到底的规模……"

北京紫禁城航拍图（摘自《城市设计与环境艺术》）　　明、清朝代的北京城平面图（张文忠编绘）

图 7-2-3　北京故宫庭院空间环境

美国著名建筑师斯东的代表作,以建筑围合的水景庭院尤为突出

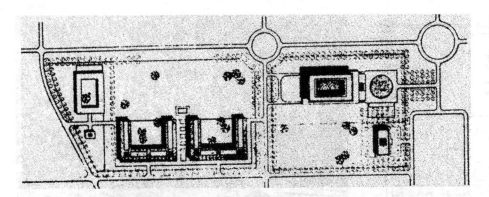

总平面图

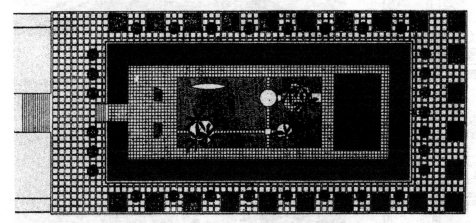

平面图

立面景观

图 7-2-4　美国驻印度大使馆庭院空间环境(摘自《20 世纪西方建筑史》)

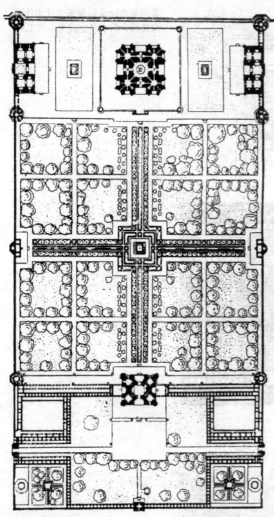

总平面图（摘自《外国建筑史——19世纪末叶以前》）

庭院水景（摘自 Art Through The Ages-Sixth Edition）

立面景观（摘自《世界文明奇迹》）

远景景观（摘自《世界文明奇迹》）

图 7-2-5　泰姬玛哈尔庭院空间环境

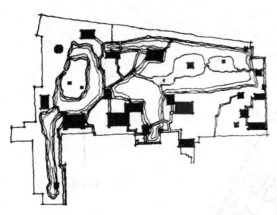

总平面示意图（张文忠绘）

庭园中的回廊（摘自《中国古代建筑》）

庭园中的小桥流水（张文忠水彩画作品）

庭园中的曲廊与水景（摘自《中国古代建筑》）

图 7-2-6　苏州拙政园庭园环境景观（摘自《中国古代建筑》，及张文忠水彩画）

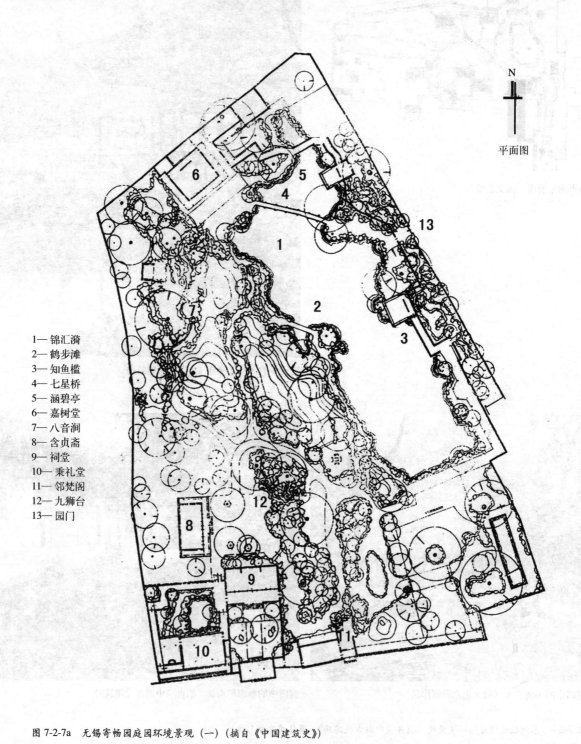

图 7-2-7a 无锡寄畅园庭园环境景观（一）（摘自《中国建筑史》）

图 7-2-7b 无锡寄畅园庭园环境景观（二）（张文忠拍摄）

鸟瞰图（张文忠绘）

总平面布局示意图（张文忠编绘）

谐趣园局部环境景观（摘自《典藏中国名胜》）

谐趣园一角

图 7-2-8　北京颐和园中谐趣园环境景观（摘自《中国古代建筑》）

第7章 公共空间环境设计实例选编

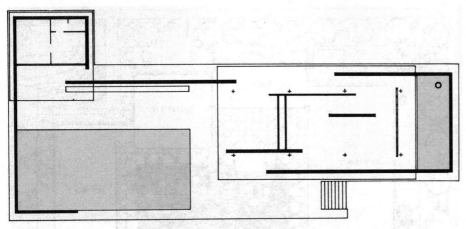

平面布置图

室外景观

室内景观

图 7-2-9 巴塞罗那博览会德国馆庭园景观（摘自《20世纪西方建筑史》）

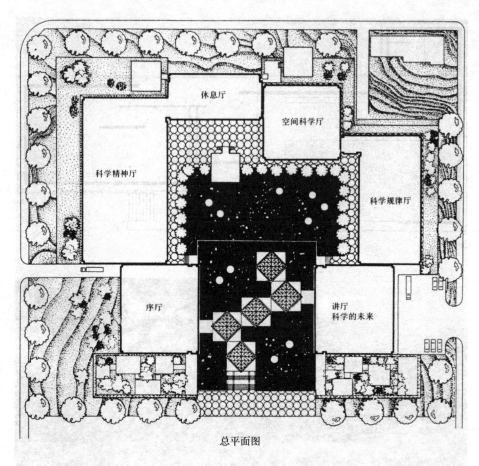

总平面图

庭院景观示意图

图 7-2-10 西雅图世界博览会联邦科学馆庭院景观（摘自《20世纪西方建筑名作》）

第7章 公共空间环境设计实例选编

图 7-2-11　四川大学校园环境景观（张文忠拍摄）

公共空间环境设计

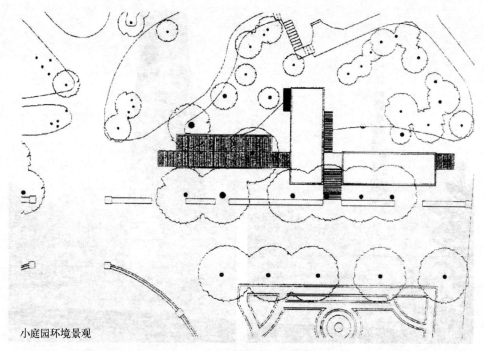

小庭园环境景观

维多利亚装配式环境景观

图 7-2-12　西班牙庭园环境景观
（摘自《城市景观设计》）

第7章 公共空间环境设计实例选编

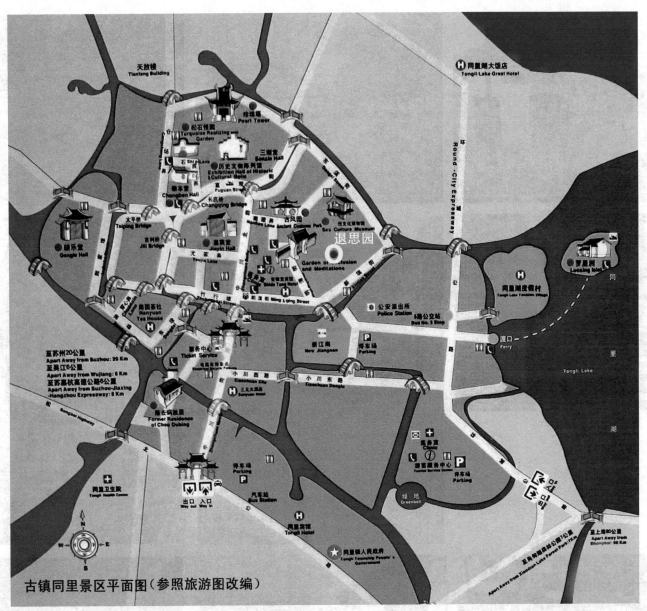

图 7-2-13a 古镇同里庭园环境景观（一）（张文忠参照旅游图改编）

公共空间环境设计

图 7-2-13b 古镇同里庭园环境景观（二）（张文忠拍摄）

第7章 公共空间环境设计实例选编

弄堂环境景观

图 7-2-13c 古镇同里庭园环境景观（三）

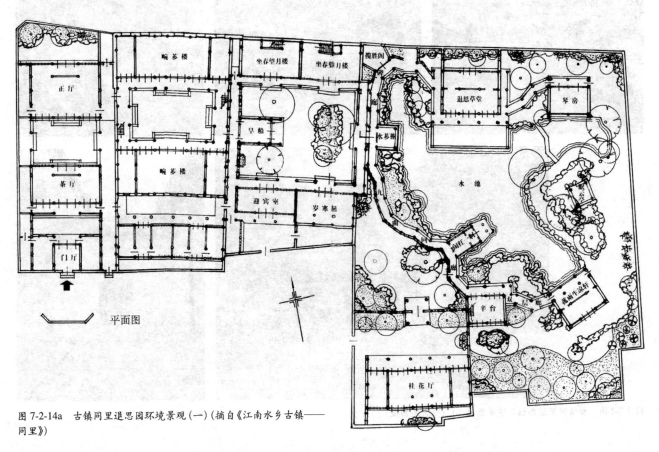

平面图

图 7-2-14a 古镇同里退思园环境景观（一）（摘自《江南水乡古镇——同里》）

图 7-2-14b 古镇同里退思园环境景观（二）（张文忠拍摄）

第7章 公共空间环境设计实例选编

图 7-2-15 纽约街区培蕾休闲庭园
（张文忠拍摄）

图 7-2-16 美国繁华城市休闲室内庭园（张文忠拍摄）

7.3 步行街区

图 7-3-1　福建武夷山仿宋步行街环境景观（张文忠拍摄）

第7章 公共空间环境设计实例选编

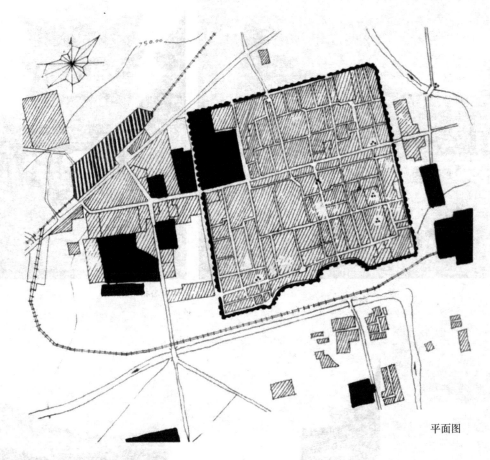

位于山西省中部,太原盆地南部的平遥古城,堪称历史悠久,据载建造年代为公元前827年~公元前782年,相当于我国周宣王时期。几经周折,今改称平遥,至今已有2700余年的漫长岁月。

公元1370年,即明代洪武三年,对平遥古城进行了扩建。

平面图

鸟瞰图

图7-3-2a 山西平遥古城步行街环境景观(一)(摘编自《城市意匠——图解中国名城》)

公共空间环境设计

（摘自《平遥古城》） （张文忠拍摄）

（摘自《平遥古城》） （张文忠拍摄）

图 7-3-2b 山西平遥古城步行街环境景观（二）

第7章 公共空间环境设计实例选编

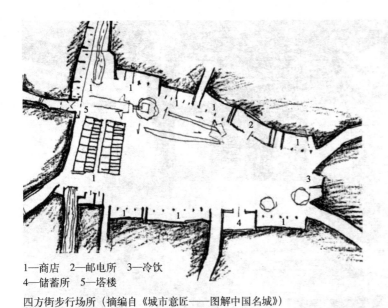

1—商店　2—邮电所　3—冷饮
4—储蓄所　5—塔楼
四方街步行场所（摘编自《城市意匠——图解中国名城》）

登丽江狮子山万古楼望古城

丽江古城入口

图 7-3-3a　丽江古城步行街环境景观（一）（张文忠拍摄）

丽江古城水景观（张文忠拍摄）

235

图 7-3-3b 丽江古城步行街环境景观(二)(张文忠拍摄)

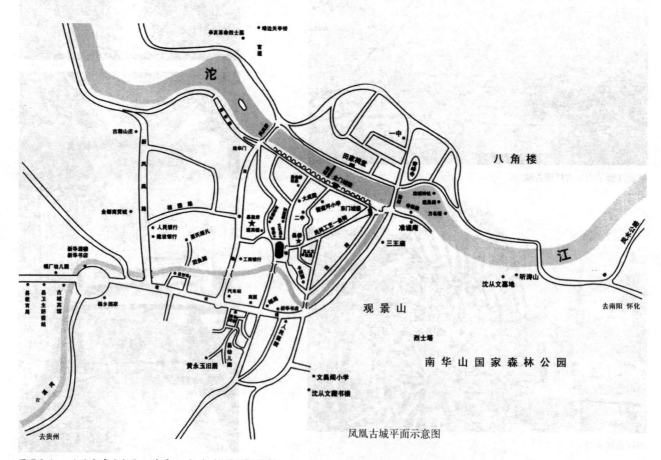

凤凰古城平面示意图

图 7-3-4a 凤凰古城步行街环境景观(一)(摘自《凤凰》)

凤凰古城城墙景观

凤凰古城水上景观

步行街景观（摘自《历史文化名城凤凰》）　　　　　　　　　　　　　　　　　沱江景观（摘自《典藏中国名胜》）

图 7-3-4b　凤凰古城步行街环境景观（二）

公共空间环境设计

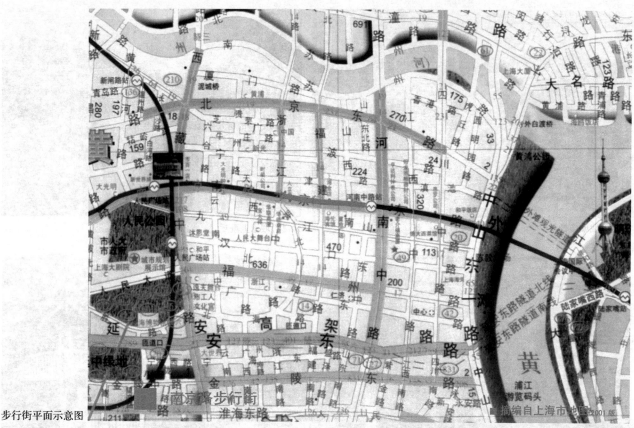

步行街平面示意图

步行街区景观雕塑

步行街夜景

图 7-3-5a　上海南京路步行街环境景观（一）（张文忠拍摄）

第7章 公共空间环境设计实例选编

世纪大道路标小品

新区道路带形绿化景观

外滩夜色

新区绿化与建筑交相辉映

图 7-3-5b　上海南京路步行街环境景观（二）（张文忠拍摄）

公共空间环境设计

沿路园艺景观

新区广场日晷景观

图 7-3-5c　上海南京路步行街环境景观（三）（张文忠拍摄）

240

第7章 公共空间环境设计实例选编

步行街平面示意图

步行街电话亭

步行街咨询服务台

图 7-3-6a 天津市中心步行街环境景观（一）（张文忠拍摄）

241

公共空间环境设计

步行街雕塑景观

图 7-3-6b 天津市中心步行街环境景观（二）（张文忠拍摄）

图 7-3-6c 天津市中心步行街环境景观（三）（张文忠拍摄）

公共空间环境设计

总平面图（摘自《天津公共建筑》）

设计单位　天津市建筑设计院
设计主持人　杨令仪
建造地点　天津市东北角
竣工时间　1986-1月

1—宫前广场
2—入口小广场
3—过街楼
4—民俗商店
5—茶楼
6—剧场

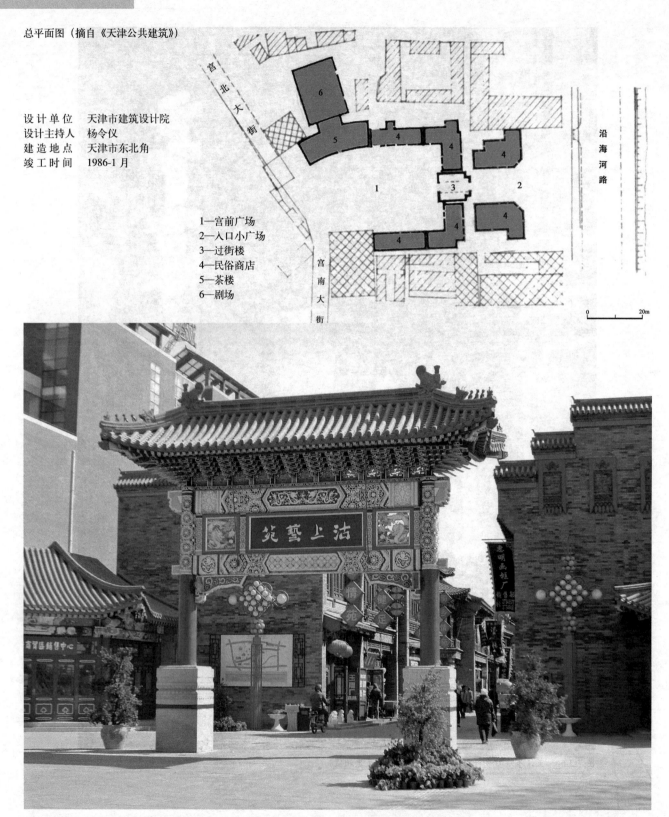

图 7-3-7a　天津古文化街步行区环境景观（一）（张文忠拍摄）

第7章 公共空间环境设计实例选编

图 7-3-7b 天津古文化街步行区环境景观（二）（张文忠拍摄）

图 7-3-7c 天津古文化街步行区环境景观（三）（张文忠拍摄）

瓷砖壁画

天后宫环境

第7章 公共空间环境设计实例选编

图 7-3-7d 天津古文化街步行区环境景观(四)(张文忠拍摄)

天后宫室外景观

天后宫室内景观

247

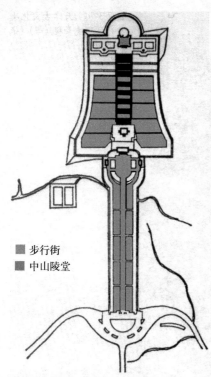

中山陵步行街平面示意图

■ 步行街
■ 中山陵堂

中山陵步道景观

祭祀堂室内景观

图 7-3-8　南京中山陵环境景观
(摘自《20世纪东方建筑名作》)

第7章 公共空间环境设计实例选编

图 7-3-9 明尼阿波利斯音乐厅步行区水景园（张文忠拍摄）

249

公共空间环境设计

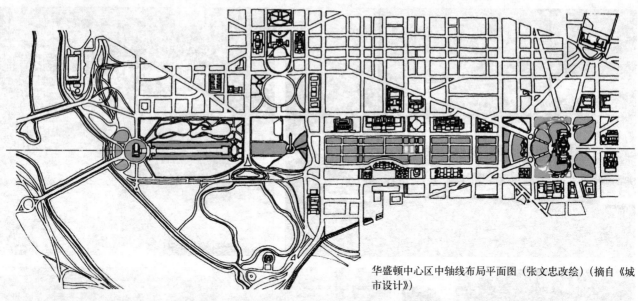

华盛顿中心区中轴线布局平面图（张文忠改绘）（摘自《城市设计》）

图 7-3-10a 美国，华盛顿中心区环境景观（一）（摘自 *Washington*）

第7章 公共空间环境设计实例选编

图 7-3-10b 美国，华盛顿中心区环境景观（二）（张文忠拍摄）

图 7-3-11 美国，华盛顿白宫庭园景观
（摘自 Washington）

公共空间环境设计

华盛顿纪念碑景观（摘编自 Washington）

近观华盛顿纪念碑（张文忠拍摄）

华盛顿纪念碑环境夜景景观（摘编自 Washington）

图 7-3-12 美国，华盛顿纪念碑环境景观

第7章 公共空间环境设计实例选编

林肯纪念堂环境景观

林肯纪念堂背面环境景观

林肯纪念堂正面环境景观

林肯纪念堂建筑环境景观

图 7-3-13a 美国，华盛顿林肯纪念堂环境景观（一）（张文忠拍摄）

林肯纪念堂灯光环境（摘自 Washington）

林肯纪念堂室内坐像景观（张文忠拍摄）

图 7-3-13b　美国，华盛顿林肯纪念堂环境景观（二）

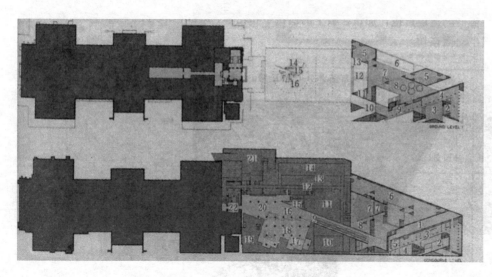

华盛顿国家美术馆东馆平面图

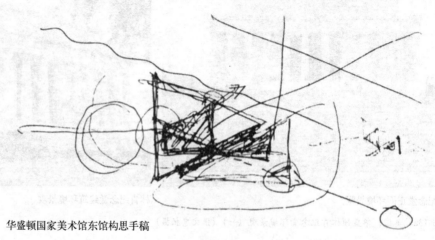

图 7-3-14a　美国，华盛顿国家美术馆步行街区环境景观（一）

华盛顿国家美术馆东馆构思手稿

第7章 公共空间环境设计实例选编

华盛顿国家美术馆东馆外观

华盛顿国家美术馆步行街区

华盛顿国家美术馆入口街区

华盛顿国家美术馆侧面街区

入口雕塑

华盛顿国家美术馆入口细部景观

图7-3-14b 美国，华盛顿国家美术馆步行街区环境景观（二）（张文忠拍摄）

图 7-3-15
悉尼情人港步行街环境景观(张文忠拍摄)

第7章 公共空间环境设计实例选编

图 17-3-16
悉尼海德公园步行空间环境景观（张文忠拍摄）

悉尼圣玛丽亚教堂外观

悉尼圣玛丽亚教堂景观雕塑

图 7-3-17　悉尼圣玛丽亚教堂环境景观（张文忠拍摄）

第7章 公共空间环境设计实例选编

图 7-3-18 布里斯本黄金海岸环境景观（张文忠拍摄）

公共空间环境设计

图 7-3-19 布里斯本音符公园景观雕塑（张文忠拍摄）

图 7-3-20 布里斯本音符公园标识设计（张文忠拍摄）

图 7-3-21 布里斯本华纳电影城步行区环境景观（张文忠拍摄）

第7章 公共空间环境设计实例选编

图 7-3-22 布里斯本市政厅步行街区环境景观（张文忠拍摄）

图 7-3-23 新西兰奥克兰园艺步行空间环境(张文忠拍摄)

图 7-3-24 罗托鲁瓦步行街区环境景观（张文忠拍摄）

图 7-3-25
美国,明尼阿波利斯市步行街区环境景观(张文忠拍摄)

图 7-3-26
东京步行街蜘蛛造型景观(张文忠拍摄)

第7章 公共空间环境设计实例选编

图 7-3-27 日本东京皇宫步行街环境景观（张文忠拍摄）

图 7-3-28 天津南开区步行街环境景观雕塑（张文忠拍摄）

图 7-3-29 天津开发区步行街环境景观及主体雕塑（张文忠拍摄）

图 7-3-30 北京西单步行街区环境景观及主体雕塑（张文忠拍摄）

图 7-3-31 上海静安市步行街区环境景观雕塑（张文忠拍摄）

图 7-3-32 上海大剧院步行街区环境景观及主体雕塑（张文忠拍摄）

7.4 居住中心

图 7-4-1 长江山城（画家吴冠中作）

图 7-4-2 水乡幽深（张文忠绘）

图 7-4-3 巴黎塞纳河亚历山大三世桥（张文忠拍摄）

图 7-4-4 雪山静美 - 瑞士（张文忠绘）

图 7-4-5 阳朔月牙山民居景观（张文忠拍摄）

图 7-4-6 居住环境标志景观（张文忠拍摄）

第7章 公共空间环境设计实例选编

华苑新城总平面图

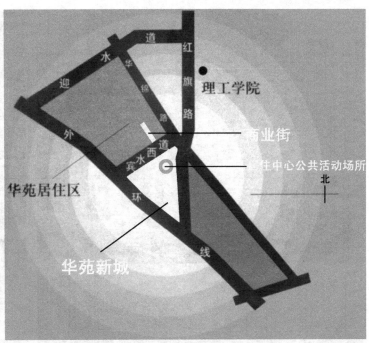

华苑新城居住区道路环境("华苑新城云华里"资料)

华苑新城环境景观

图 7-4-7a 华苑新城居住中心环境景观(一)(张文忠拍摄)

华苑新城公共中心景观

图7-4-7b 华苑新城居住中心环境景观（二）（张文忠拍摄）

第7章 公共空间环境设计实例选编

地处环渤海的港口城市天津，日益显示出经济中心、交通枢纽和国际港口大都市的崭新地位。因而天津市区阳光100国际新城的建造，是在这个大背景之下产生的，为该居住区承担设计的是由澳大利亚DCM建筑设计事务所。其设计风格，无论在总体布局上，还是在建筑单体上，均具有现代风格，充分反映出功能合理、简洁大方、新颖别致、爽朗益人的趣味性。

建筑师为：约翰·丹顿（John Denton）
白瑞·玛歇尔（Barrie Marshall）
比尔·考克（Bill Corker）
设计单位：澳大利亚DCM建筑设计事务所
（"天津阳光100国际新城"资料）

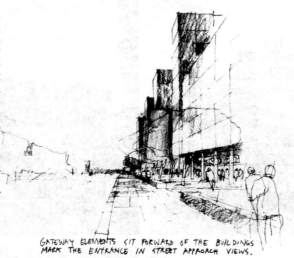

社区大门和商业街草图

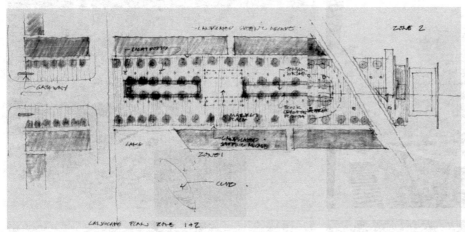

阳光100居住区入口处商业街

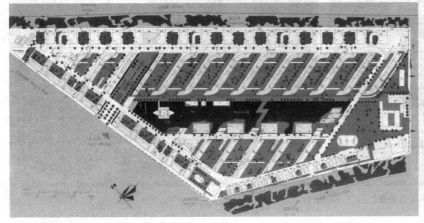

阳光100居住区总平面图

阳光100居住中心入口景观（张文忠拍摄）

图7-4-8a　阳光100居住中心环境景观（一）

图 7-4-8b　阳光 100 居住中心环境景观（二）（张文忠拍摄）

第7章 公共空间环境设计实例选编

图 7-4-9a 天娇园居住中心环境景观（张文忠拍摄）

总平面图

图 7-4-9b 天娇园居住中心环境景观（张文忠拍摄）

图 7-4-10a 昆明翠湖小区居住中心环境景观（张文忠编绘）

273

图 7-4-10b　昆明翠湖小区居住中心环境景观（张文忠拍摄）

第7章 公共空间环境设计实例选编

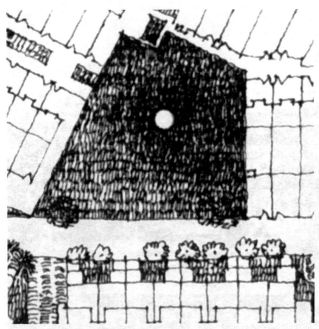
康乐中心庭园环境景观平面示意图（张文忠编绘）

居住区中心图腾景观

居住区环境景观

图 7-4-11a 万科居住中心环境景观（一）（张文忠拍摄）

图 7-4-11b 万科居住中心环境景观（二）（张文忠拍摄）

装饰亭环境景观

康乐中心环境景观

图 7-4-12 具有地域风韵的居住中心环境景观（张文忠拍摄）

公共空间环境设计

图 7-4-13 世纪城居住中心环境景观（张文忠拍摄）

第7章 公共空间环境设计实例选编

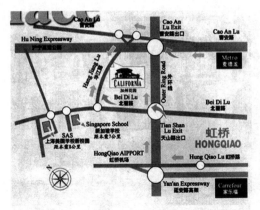

上海加州别墅小区位置图(California Garden 资料)

图 7-4-14a 上海加州花园别墅小区环境景观(一)

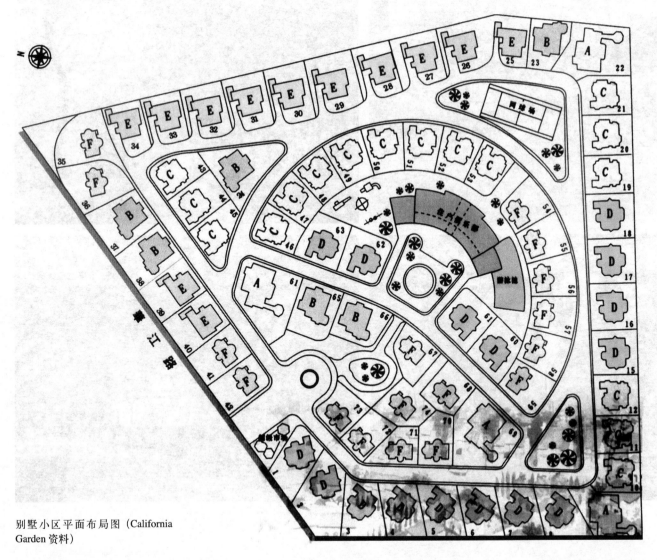

别墅小区平面布局图(California Garden 资料)

279

图 7-4-14b 上海加州花园别墅小区环境景观（二）（张文忠拍摄）

第7章 公共空间环境设计实例选编

闻名中外的周庄居住环境，突出地表达出中国地域文化特色的水乡居住区，该镇四面环水，其总体布局依水构街，依街筑房，依河建桥，依需建店，构成完美的人居体系。曾得到著名画家吴冠中的评语："黄山集中国山川之美，周庄集中国水乡之美。"堪称水乡泽园，古意纯朴。

周庄位于江苏省苏州市东南方，北宋元祐元年（1086）始称周庄。元代中期方利用镇北白蚬江航运之便，开展贸易，因此周庄成为粮食、丝绸、陶瓷及手工艺品的集散地，逐渐形成江南巨镇，直至清朝康熙初期才定名为"周庄镇"。

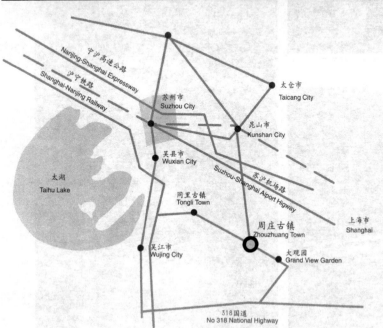

周庄古镇位置图（参照国家邮政局的明信片编绘）

图 7-4-15a 水乡周庄环境景观（一）

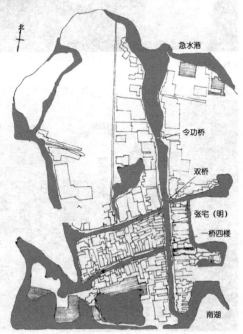

周庄水乡古镇总平面图（摘自《城市意匠——图解中国名城》）

公共空间环境设计

（张文忠拍摄）

（刘大健拍摄）

（张文忠拍摄）

（张文忠拍摄）

（刘智常拍摄）

图 7-4-15b　水乡周庄环境景观（二）

7.5 其他选例

图 7-5-1 杭州街区小品景观（张文忠拍摄）

图 7-5-2 底特律沿街环境景观（张文忠拍摄）

公共空间环境设计

图 7-5-3 长城雄姿（张文忠绘）

图 7-5-4 自由神望纽约（张文忠绘）

第7章 公共空间环境设计实例选编

图 7-5-5 天津开发区某居住区环境景观（张文忠拍摄）

图 7-5-6 埃及狮身人面像（张文忠绘）

图 7-5-7 巴黎埃菲尔铁塔景观（张文忠拍摄）

鼓浪屿郑成功塑像平面示意图（张文忠编绘）

郑成功塑像（张文忠拍摄）

图 7-5-8　鼓浪屿郑成功立雕环境景观（张文忠拍摄）

第7章 公共空间环境设计实例选编

图 7-5-9　西安丝绸之路群雕环境景观（张文忠拍摄）

总平面图

图 7-5-10a　陕西黄陵环境景观（一）（摘编自《中国建筑师作品集》1999-2005）

鸟瞰环境景观

室外场所环境景观

大殿室内环境景观

图 7-5-10b　陕西黄陵环境景观（二）（摘编自《中国建筑师作品集》1999-2005）

第7章 公共空间环境设计实例选编

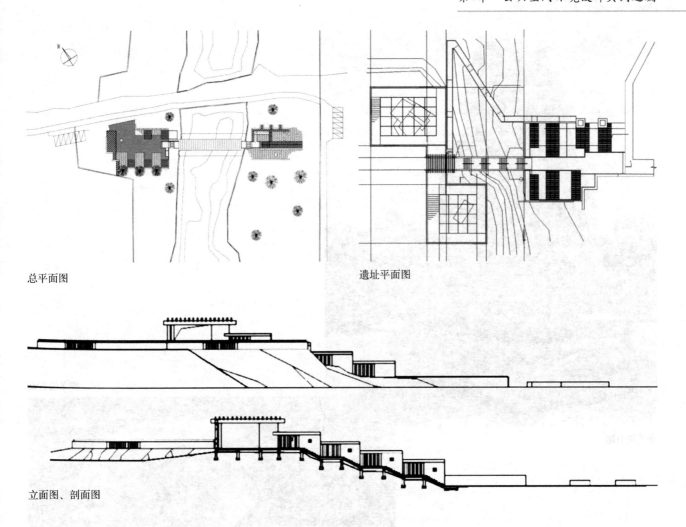

总平面图

遗址平面图

立面图、剖面图

图 7-5-11 四川广汉祭祀坑环境景观（摘自《中国建筑师作品集》1999—2005）

唐乾陵石狮

明孝陵石象

图 7-5-12 唐乾陵石狮与明孝陵石象景观（摘自《中国古代建筑》）

第7章 公共空间环境设计实例选编

雅典卫城帕提农神庙

帕提农神庙山花细部

图 7-5-13　雅典卫城帕提农神庙景观（摘自 *Art Through The Ages—Sixth Edition*）

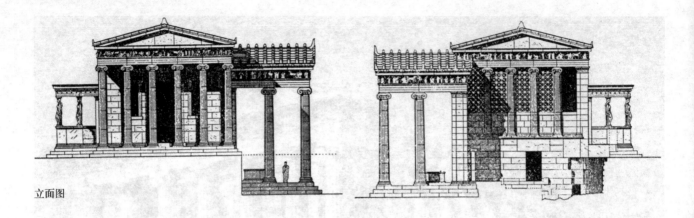

立面图

图 7-5-14 雅典卫城伊瑞克提翁庙景观（摘自 *Art Through the Ages*）

第7章 公共空间环境设计实例选编

图 7-5-15 意大利罗马天使古堡环境景观（摘自《欧美建筑外观与环境空间》）

图 7-5-16 上海美术馆环境雕塑景观（张文忠拍摄）

图 7-5-17 大连英雄公园一滴血纪念碑环境景观（张文忠拍摄）

（纪念碑细部）

何叔衡烈士纪念碑

刘志丹烈士纪念碑

安业民烈士纪念碑

图 7-5-18　大连烈士纪念碑群环境景观（张文忠拍摄）

第7章 公共空间环境设计实例选编

图 7-5-19 湘江岸边小品艺术景观（张文忠拍摄）

图 7-5-20 叶之们造型环境景观（摘编自《室外环境雕塑》）

图 7-5-21 法国水柱造型环境景观（摘编自《城市景观设计》）

图 7-5-22 芬兰冰城环境景观（Raimo Suikkari 等编著. *Finland* 2000. PKSTietopalveluoy.）

图 7-5-23 美国"银河"环境景观(摘自《室外环境雕塑》)

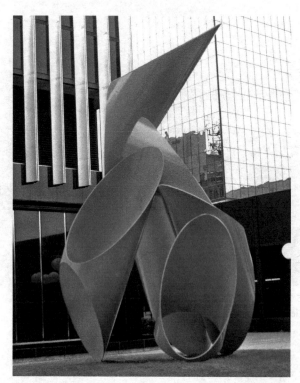

图 7-5-24 美国"上方"环境景观(摘自《室外环境雕塑》)

图 7-5-25 波士顿肯尼迪纪念图书馆环境景观(张文忠拍摄)

第7章 公共空间环境设计实例选编

澳大利亚的联邦首府堪培拉，地跨墨朗哥勒河岸上下两侧（Molonglo River），据2000年统计人口总数为38.4万人。

居于阿尔卑斯山峦平原上的堪培拉，可谓东暖夏凉、气候宜人，与周围高地环境相比雨量偏少，是阳光明媚的场所。

从总体环境布局上看，花团锦簇、树丛葱翠、河湖晶莹，加之洁白如玉的建筑群，堪称相映成趣、美不胜收，足以显示堪培拉已具有花园城市的特色。无论从环境设计还是从单体设计和室内设计上均可认为是20世纪80年代杰出的设计作品。

（张文忠绘） 议会中心鸟瞰环境

图7-5-26a 澳大利亚，堪培拉议会中心环境景观（一）（张文忠拍摄）

图 7-5-26b 澳大利亚,堪培拉议会中心环境景观(二)(张文忠拍摄)

总体布局模型

第7章 公共空间环境设计实例选编

总体布局鸟瞰

远眺堪培拉议会大厦景观

图7-5-26c 澳大利亚，堪培拉议会中心环境景观（三）（张文忠拍摄）

公共空间环境设计

(张文忠拍摄)

(张文忠拍摄)

(摘编自 *Canberra-Australian Captial Territory*)

图 7-5-26d 澳大利亚，堪培拉议会中心环境景观（四）

第7章 公共空间环境设计实例选编

堪培拉议会大厦庭园景观

堪培拉议会大厦共享大厅景观

图 7-5-26e 澳大利亚,堪培拉议会中心环境景观(五)(张文忠拍摄)

公共空间环境设计

可持续发展的城市与建筑景观

汇集地表水构成河道景观

哈默比湖中部景观

哈默比湖城鸟瞰

图 7-5-27a 瑞典可持续发展的城市与建筑（摘自《世界建筑》2007.7）

第7章 公共空间环境设计实例选编

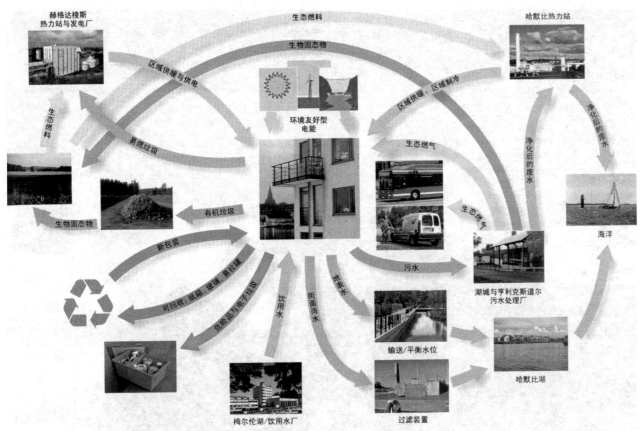

瑞典哈默比模型（摘自《坦哈默比湖城——可持续性城市建设的杰出范例》）

图 7-5-27b　瑞典可持续发展的城市与建筑（二）（摘自《世界建筑》2007.7）

天津文庙鸟瞰景观

天津文庙牌楼景观

图 7-5-28　天津文庙环境景观（摘自《天津建筑风格》）

303

图 7-5-29 美国"球中之球"环境景观（摘自《室外环境雕塑》）

第7章 公共空间环境设计实例选编

图 7-5-30a　巴黎圣母院灯光照明艺术景观（一）

巴黎圣母院外观（张文忠拍摄）

巴黎圣母院景观灯光夜景（摘编自《巴黎和凡尔赛的历史和艺术》）

公共空间环境设计

室内灯光景观（张文忠拍摄）

图7-5-30b　巴黎圣母院灯光照明艺术景观（二）

南面花饰玻璃窗景观（摘自《巴黎和凡尔赛的历史和艺术》）

雕花玻璃室外山墙景观　　　　　　　　　　　光照下的彩雕玻璃室内景观

图 7-5-31　彩色玻璃光照效果景观（摘自《公共艺术设计》）

图 7-5-32　现代风韵多彩玻璃装饰效果（摘编自《公共艺术设计》）

图 7-5-33 新加坡商业街灯光艺术景观（*Beautiful Singapore.*）

第7章 公共空间环境设计实例选编

图 7-5-34 堪培拉国会大厦灯光艺术景观（摘编自 *Canberra-Australian Capital Territory*）

图 7-5-35 堪培拉国家美术馆灯光照明艺术景观（摘编自 *Canberra-Australian Capital Territory*）

309

公共空间环境设计

利亚德桥夜景

图 7-5-36 威尼斯灯光照明艺术景观（摘自《威尼斯》）

圣马可海港夜景

图 7-5-37 上海隧道口标志灯光艺术景观（张文忠拍摄）

图 7-5-38 美国丹佛市太阳泉斯思维环境景观（摘自《设计家——城市环境雕塑》）

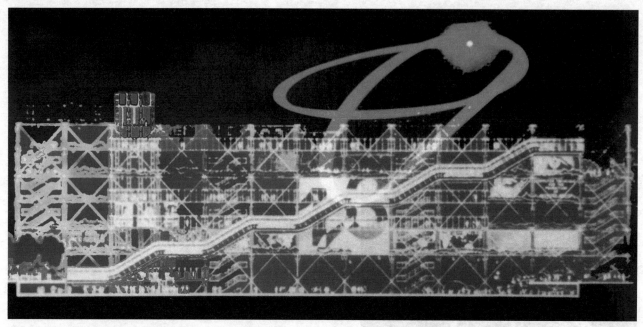

图 7-5-39 巴黎蓬皮杜中心激光花环照明艺术景观（陈绳正著.城市雕塑艺术.沈阳：辽宁美术出版社，1998.）

图 7-5-40 埃菲尔铁塔多变的灯光夜色景观（摘自《巴黎和凡尔赛的历史和艺术》）

第7章 公共空间环境设计实例选编

图 7-5-41 画家查姆平绘画作品凯旋门

图 7-5-42 巴黎歌剧院灯光夜色景观（摘自《巴黎和凡尔赛的历史和艺术》）

313

公共空间环境设计

图 7-5-43 巴黎协和广场喷水池灯光夜景（摘自《巴黎和凡尔赛的历史和艺术》）

图 7-5-44 巴黎拿破仑纪念柱灯光夜景（摘自《巴黎和凡尔赛的历史和艺术》）

第7章 公共空间环境设计实例选编

图7-5-45 巴黎卢浮宫灯光夜景(摘自《巴黎和凡尔赛的历史和艺术》)

图7-5-46a 悉尼歌剧院与大桥环境景观(一)(张文忠拍摄)

315

（张文忠拍摄）

（张文忠拍摄）

（摘编自 *A Sieve Souvenir of Sydney Australia*）

图 7-5-46b 悉尼歌剧院与大桥环境景观（二）

图 7-5-47 罗马斗兽场环境景观(张文忠拍摄)

图 7-5-48 罗托鲁瓦热气谷环境景观（张文忠拍摄）

第7章 公共空间环境设计实例选编

图7-5-49 瑞士琉森市传统木桥环境景观（张文忠拍摄）

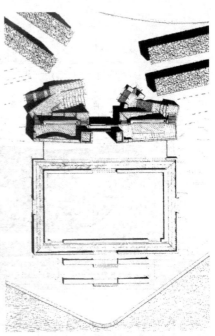

纽约南曼哈顿Y形建筑构成的环境景观平面

图7-5-50a 纽约建筑构成的环境景观（一）（关鸣编辑．吴春蕾翻译．城市景观设计．南昌：江西科学技术出版社，2002.）

图7-5-50b 纽约建筑构成的环境景观（二）（关鸣编辑．吴春蕾翻译．城市景观设计．南昌：江西科学技术出版社，2002.）

319

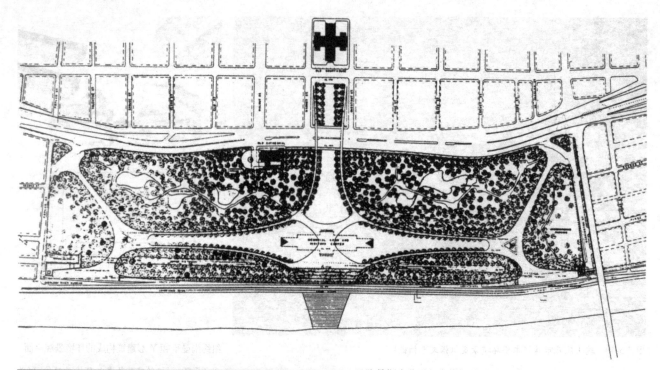

圣路易斯杰弗逊纪念拱门总平面图（吴焕加著. 20世纪西方建筑史. 郑州：河南科学技术出版社，1998.）

图 7-5-51　圣路易斯杰弗逊纪念拱门环境景观（摘自 America The Beautiful）

第7章 公共空间环境设计实例选编

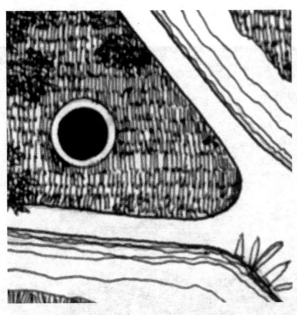

引滦入津纪念碑平面示意图（张文忠编绘）

图 7-5-52 引滦入津纪念碑环境景观（张文忠拍摄）

公共空间环境设计

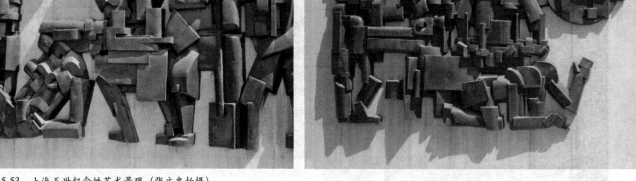

图 7-5-53　上海五卅纪念性艺术景观（张文忠拍摄）

第7章 公共空间环境设计实例选编

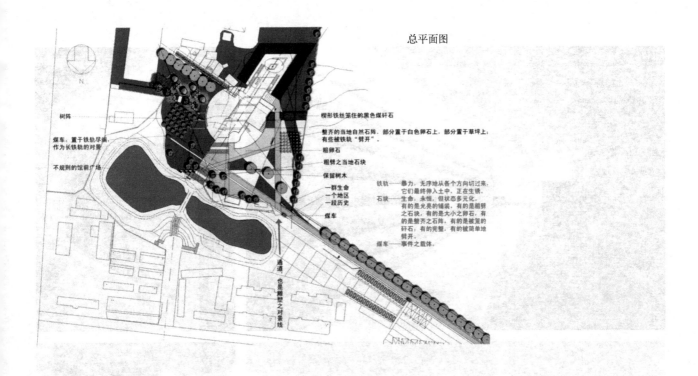
总平面图

纪念馆环境场所

纪念性雕塑景观

图 7-5-54a　井陉万人坑纪念馆环境景观（一）（摘编自《城市环境设计》）

图 7-5-54b 井陉万人坑纪念馆环境景观（二）（摘编自《城市环境设计》）

7.6 综合选例（彩版）

杭州新铁路旅客站的室内外公共空间环境设计，非常重视空间组合的统一性、连贯性、序列性和艺术性，在流线布局中既注意到车流的顺畅与简捷也注意到人流的便利与安全，同时还注意到空间组合的艺术形式，从总平面图中可以看到它的有机联系性。

设计单位：中联程泰宁建筑设计研究所
主要设计人：程泰宁 叶湘菌 胡建一 刘辉 钟乘霞
总建筑面积：110000m²
设计/竣工时间：1991—1996/1999

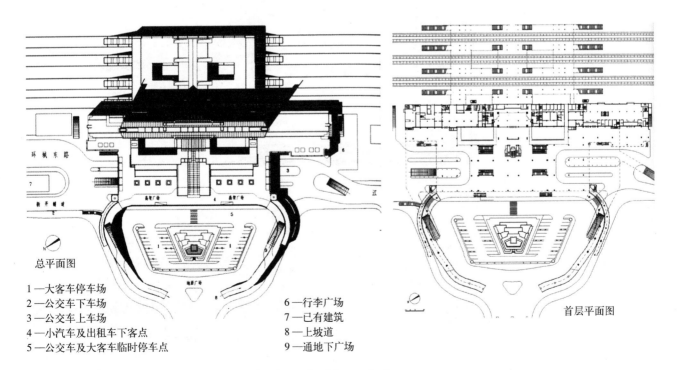

总平面图
1—大客车停车场
2—公交车下车场
3—公交车上车场
4—小汽车及出租车下客点
5—公交车及大客车临时停车点
6—行李广场
7—已有建筑
8—上坡道
9—通地下广场

首层平面图

图 7-6-1a 杭州新铁路旅客站广场（一）（摘编自《中国建筑师作品集》1999-2005）

公共空间环境设计

局部室外景观

售票处室外景观

图 7-6-1b 杭州新铁路旅客站广场
(二)(摘编自《中国建筑师作品集》
1999-2005)

第7章 公共空间环境设计实例选编

简介：圣彼得大教堂的建筑与广场被公认为西方建筑史上的经典作品，尤其是椭圆形的广场和与其密切呼应的弧状曲廊更是配合默契、相得益彰。这座融合文艺复兴和巴洛克艺术风格为一体的天主教堂，可谓神圣大方、气度非凡。应是青年学生和设计师值得学习的重要典范。

（张文忠拍摄）

圣彼得教堂广场鸟瞰图像（摘自 *Art Through The Ages*）

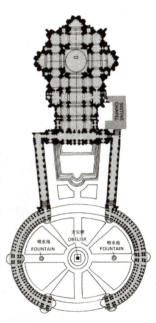

圣彼得教堂平面图（摘自 *Art Through The Ages*）

图 7-6-2a 梵蒂冈圣彼得教堂广场（一）

图 7-6-2b 梵蒂冈圣彼得教堂广场（二）（张文忠拍摄）

第7章 公共空间环境设计实例选编

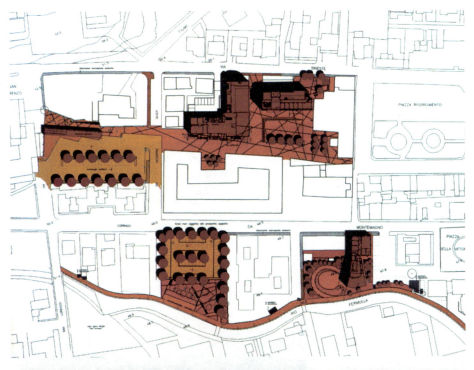

图7-6-3 意大利,夸拉塔文化中心广场(摘自《世界建筑》2005.9)

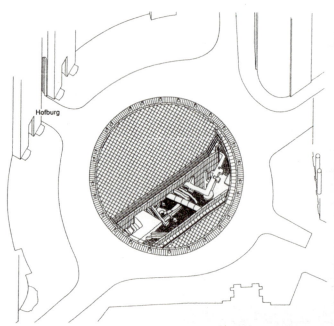

图 7-6-4 维也纳迈克尔广场（摘自《城市景观设计》）

第7章 公共空间环境设计实例选编

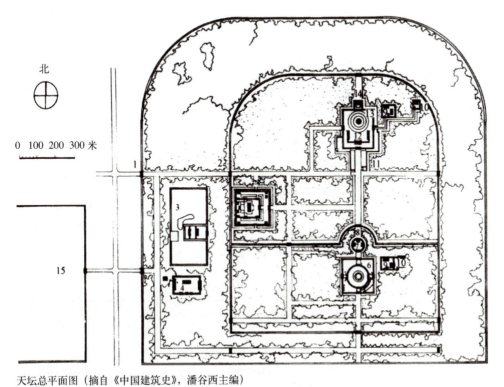

1— 坛西门
2— 西天门
3— 神乐署
4— 牺牲所
5— 斋宫
6— 圜丘
7— 皇穹宇
8— 成贞门
9— 神厨神库
10— 宰牲亭
11— 具服台
12— 祈年门
13— 祈年殿
14— 皇乾殿
15— 先农坛

天坛总平面图（摘自《中国建筑史》，潘谷西主编）

（摘编自《中国古代建筑》）　　　　　　　　　　　（摘编自《中国古代建筑》）

图 7-6-5　北京天坛庭院景观

公共空间环境设计

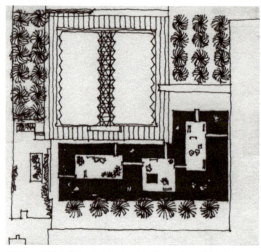

美国，威恩大学纪念会议中心庭院平面图（张文忠绘）

图 7-6-6　美国，威恩大学纪念会议中心庭院（张文忠拍摄）

第7章 公共空间环境设计实例选编

1—流华池
2—溢香厅
3—浮翠
4—云岭芙蓉
5—海棠花坞
6—游泳池
7—松竹杏暖
8—漫空碧透

香山饭店庭院总体分布图（摘编自《20世纪东方建筑名作》）

（张文忠拍摄）

图 7-6-7　北京香山饭店庭园

（摘编自《20世纪东方建筑名作》）

333

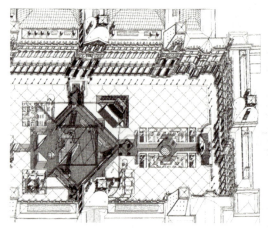
卢浮尔宫平面布置图(摘编自《世界建筑20年》)

摘编自《20世纪西方建筑名作》

(张文忠拍摄)

(张文忠拍摄)

图 7-6-8　巴黎卢浮尔宫金字塔庭院

第7章　公共空间环境设计实例选编

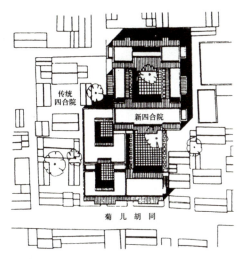

总平面环境图

曾获得国际性"世界人居奖"的中国北京菊儿胡同四合院住宅工程，主要设计者为清华大学建筑设计研究院吴良镛教授。获奖说明写道："该工程开创了在北京城中心城市更新的一种新途径。传统的四合院格局得到保留并加以改进，避免了全部拆除旧城内历史性衰败住宅。同样重要的是，这个工程还探索了一种历史城市中住宅建设集资和规划的新途径。"该项工程还以"北京四合院住宅群改造规划"的名称获得亚洲建协1992年优秀建筑设计金牌奖。

一层平面图

菊儿胡同新四合院住宅群组合示例

图7-6-9　北京菊儿胡同庭院（摘自《20世纪东方建筑名作》）

335

公共空间环境设计

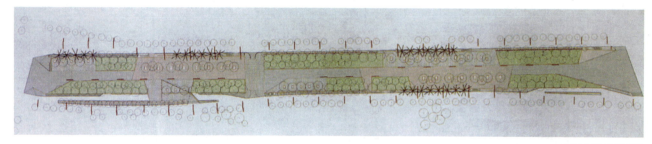

米格大道总平面图

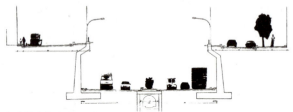

改造前米格大道剖面图

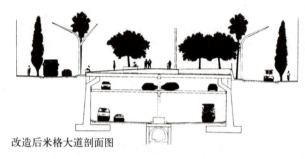

改造后米格大道剖面图

图 7-6-10　西班牙，巴塞罗那步行街（摘编自《建筑与环境设计》）

第7章 公共空间环境设计实例选编

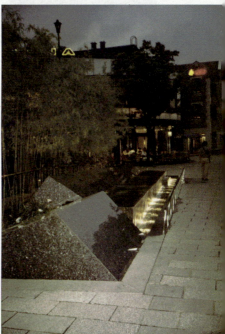

图 7-6-11　上海新天地步行街（张文忠拍摄）

公共空间环境设计

澳大利亚的联邦首府堪培拉地跨墨朗哥勒河岸上下两侧（Molonglo River），据2000年统计人口总数为38.4万人。

居于阿尔卑斯山峦平原上的堪培拉可谓冬暖夏凉、气候宜人，与周围高地环境相比雨量偏少是阳光明媚的场所。

从总体环境布局上看，花团锦簇、树丛葱翠、河湖晶莹，加之洁白如玉的建筑群，堪称相映成趣、美不胜收，足以显示堪培拉已具有花园城市的特色。无论从环境设计还是从单体设计和室内设计上均可认为是20世纪80年代杰出的设计作品。

图 7-6-12a　澳大利亚，堪培拉联邦议会大厦环境景观（一）（张文忠拍摄）

第7章 公共空间环境设计实例选编

图 7-6-12b 澳大利亚，堪培拉联邦议会大厦环境景观（二）（张文忠拍摄）

公共空间环境设计

南开区"时代奥城"的建设无疑给处于正在腾飞的滨海城市津都带来可喜的崭新风貌,使大型港都的天津展现出新颖别致的姿态。排除了那些故步自封的设计思维,积极向发达国家有成就的建筑师学习,并结合我国具体情况进行设计和创作。而难能可贵的是,已展现出像"时代奥城"这样的时代气息。须知人们不仅需要住在安全、舒适、优美的住宅中,而且更需要时代感强和动人心弦的公共场所,即优美动人的室外环境景观。在"时代奥城"的庭园布局中,比较好地将喷水设施、绿化造型、曲折小径、建筑小品等经营得异常到位,有效地烘托出公共空间环境景观的优美境界。

图7-6-13a 天津时代奥城居住中心(一)（张文忠拍摄）

摘编自《时代奥城售房资料》

第7章 公共空间环境设计实例选编

图 7-6-13b 天津时代奥城居住中心（二）（张文忠拍摄）

图 7-6-14 美国，芝加哥绿色喷泉（张文忠拍摄）

图 7-6-15 日本，东京蜘蛛造型环境景观（张文忠拍摄）

第7章 公共空间环境设计实例选编

图7-6-16 北京西单区风筝造型环境景观（张文忠拍摄）

图7-6-17 日本，富士山环境景观（张文忠拍摄）

343

图 7-6-18　底特律科技中心环境景观（张文忠拍摄）

图 7-6-19　美国，哥伦比亚大学校园景观（张文忠拍摄）

图 7-6-20　明尼阿波利斯音乐厅广场标志景观（张文忠拍摄）

第7章 公共空间环境设计实例选编

图7-6-21 日本，北海道盐郡高科技景观（摘编自《设计家——城市环境雕塑》）

图 7-6-22 丙烯酸树脂铸造的环境景观（摘编自《室外环境雕塑》）

第7章 公共空间环境设计实例选编

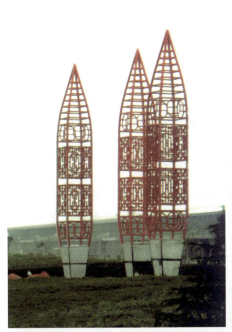

图 7-6-23 苏州工业区钢雕环境景观
(摘编自"时光之舟",作者:管怀宾)

后 记

　　这本书稿经历两年的编写时间，做了大量收集资料和现场拍摄实例的准备工作，在认真听取好友们的意见后，进行过八次之多的反复推敲、增删与修改，终于在 2008 年国庆节期间完成了全书的定稿。此书除了作为"公共空间环境设计"的教材供环境艺术专业学生阅读外，同时也是建筑学、城市规划等专业的教学参考书。为此，力争做到文字通畅易懂、插图丰富多彩、论述宽深并叙，达到图文并茂的良好阅览效果，使青年的学生或设计师顺畅而又愉快的阅读，是本书编纂过程的愿望。

　　本书十分重视插图的质量，从国内外上千张照片图像中筛选出近 500 余张，分别作为实例插图纳入各章节和实例选编之中。在文字论析上，潜心做到深入浅出，使图文之间相互协调与互补。

　　另外，书稿能顺利地完成，是和许多朋友们的关心和支持分不开的，令我永铭于心。但愿此书能在青年学生及中青年建筑师或设计师的心中开花结果！衷心盼望读者们提出宝贵意见，以利再版时修改。

编著　张文忠

2009 年 6 月

参考文献

[1] 吴家骅编著．环境设计史纲．重庆：重庆大学出版社，2002．

[2] 吴良镛著．人居环境科学导论．北京：中国建筑工业出版社，2002．

[3] 郭黛姮,吕舟编著．20世纪东方建筑名作．郑州:河南科学技术出版社，2000．

[4] 吴焕加编著．20世纪西方建筑名作．郑州:河南科学技术出版社，2000．

[5] 张建涛，刘韶军编著．建筑设计与外部环境．天津：天津大学出版社，2002．

[6] 国际建筑师协会工作组，中国建筑学会编著．中国建筑师作品集（1999–2005）．北京：中国建筑工业出版社，2005．

[7] 张斌，杨北帆编著．城市设计与环境艺术．天津：天津大学出版社，2000．

[8] 张斌，杨北帆编著．城市设计—形式与装饰．天津：天津大学出版社，2002．

[9] 章晴方编著．公共艺术设计．上海：上海人民美术出版社，2007．

[10] Francisco Asensio Cerver著，盛梅译．建筑与环境设计．天津大学出版社，2003．

[11] 戴志中等编著．国外步行商业街．南京：东南大学出版社，2006．

[12] 蔡永洁著．城市广场．南京：东南大学出版社，2006．

[13] 王建国著．城市设计．南京：东南大学出版社，2004．

[14] 关鸣编辑．城市景观设计．吴春蕾译．南昌：江西科学技术出版社，2002．

[15] （美）布鲁克．巴里著．室外环境雕塑．张帆译．北京：中国轻工业出版社，2002．

[16] 姜竹青编著．设计家——城市环境雕塑．杭州：浙江人民美术出版社，1997．

[17] 单德启等著．中国民居．北京：五洲传播出版社，2004．

[18] 张敕著．建筑庭院空间．天津：天津科学技术出版社，1986．

[19] 荆其敏编著．中国传统民居百题．天津：天津科学技术出版社，1985．

[20] 夏兰西，王乃弓编著．建筑与水景．天津：天津科学技术出版社，1986．

[21] 韩伟强著．城市环境设计．南京：东南大学出版社，2003．

[22] （英）弗朗西斯·蒂巴尔兹著．营造亲和城市——城镇公共环境的改善．鲍莉，贺颖 译．北京：知识产权出版社，中国水利水电出版社，2005．

[23] 陈六汀，梁梅编著．景观艺术设计．北京：中国纺织出版社，2004．

[24] 陈绳正著．城市雕塑艺术．沈阳：辽宁美术出版社，1998．

[25] 原清华大学建筑系编．梁思成文集（四）．北京：中国建筑工业出版社，1986．

[26] 窦以德著．诺曼·福斯特．北京：中国建筑工业出版社，1997．

[27] 建筑创作杂志社编．中国建筑100丛书．济南：山东科学技术出版社，2005．

[28] 潘谷西著．中国建筑史（第五版）．北京：中国建筑工业出版社，2004．

[29] 原南京工学院建筑系．中国建筑史图集．南京：原南京工学院建筑系，1978．

[30] 陈志华著．外国建筑史（19世纪末叶以前）．北京：中国建筑工业出版社，2004．

[31] 天津大学出版社编．世界建筑20年．天津：天津大学出版社，2000．

[32] 阮仪三．江南水乡古镇——同里．杭州：浙江摄影出版社，2004．

[33] 荆其敏，张丽安著．城市意匠——图解中国名城．北京：中国电力出版社，2005．

[34] 李纲摄影．历史文化名城——凤凰．长沙：湖南地图出版社，2004．

[35] 腾绍华．荆其敏主编．天津建筑风格．北京：中国建筑工业出版社，2002．

[36] 应立国编著．城市雕塑（上、下集）．北京：中国建筑工业出版社，2002．

[37] 梁思成著．中国雕塑史．天津：百花文艺出版社．1998．

[38] 边放编著．当代美国城市环境．天津：天津大学出版社．2002．

[39] 纪江红主编．典藏中国名胜．北京：北京出版社．2004．

[40] 李国维．李松年主编．平遥古城．太原：山西人民出版社．2001．

[41] 张化纯主编．天津公共建筑．天津：天津科学技术出版社．1989．

[42] 清华大学．世界建筑 2005（5）．北京：世界建筑杂志社．2005．

[43] 清华大学．世界建筑 2007（7）．北京：世界建筑杂志社．2007．

[44] 清华大学．世界建筑 2008（8）．北京：世界建筑杂志社．2008．

[45] 楼庆西等编著．中国古代建筑．北京：清华大学出版社．1985．

[46] 田银生，刘韶军编著．建筑设计与城市空间．天津：天津大学出版社．2001．

[47] Helen Gardner. *Art Through The Ages—Sixth Edition*. New York: Harcourt Brace Jovanovich, Inc. 1975.

[48] Raimo Suikkari. *Finland 2000*. PKS Tietopalvelu Oy, 1996.

[49] Gillian M Goslinga. *America The Beautiful*. 香港印刷, 1993.

[50] Lain Thomson. *Frank Lloyd Wright—A Visual Encyclopedia*. PRC Publish Ltd.

[51] *Washington*. Colour Library International Ltd, 1978.